W0365046

Dieter Viebach

Der Stirlingmotor

einfach erklärt und leicht gebaut

ökobuch
Staufen bei Freiburg

Ich widme dieses Buch meinen Söhnen Michael, Thomas und Stefan, die den Sinn ihres Lebens und ihrer technischen Berufe in der Gestaltung einer ressourcenschonenden, gerechten Zukunft sehen.

Alle Angaben in diesem Buch wurden nach bestem Wissen und Gewissen zusammengestellt. Für die praktische Umsetzung lassen sich daraus keine Haftungsansprüche gegenüber den Autoren oder dem Verlag ableiten.

Bibliografische Information: Die Deutsche Bibliothek

Die Deutsche Bibliothek verzeichnet diese Publikation in der Deutschen Nationalbibliografie; detaillierte bibliografische Angaben sind im Internet unter http://dnb.ddb.de abrufbar.

ISBN 978-3-936896-31-2

1. Auflage 1998 unter ISBN 3-933964-70-2
7. erweiterte Auflage 2008

© ökobuch Verlag, Staufen bei Freiburg 1998, 2008

Alle Rechte der Verbreitung, auch durch Funk, Fernsehen, fotomechanische Wiedergabe, Einspeicherung in EDV-Anlagen, Tonträger jeder Art und auszugsweisen Nachdruck sowie die Rechte der Übersetzung sind vorbehalten.

Illustrationen: Walter Wesinger
Layout: USW, Uwe Stohrer, Freiburg
Druck: Druckpartner Rübelmann, Hemsbach

Inhaltsverzeichnis

Ein Bogen Spezialpapier mit aufgedrucktem Faltmuster liegt dem Buch bei.

Einführung

Werken als kreativer Prozess

Durch die ständige Arbeit am Computerbildschirm, der aus dem beruflichen und privaten Alltag nicht mehr wegzudenken ist, beschränkt sich bei vielen Leuten die manuelle Tätigkeit bald nur noch auf das Klicken mit der PC-Maus. Das Be-greifen – wörtlich gemeint – von komplexen Zusammenhängen und Abläufen ist für den einzelnen oft gar nicht mehr möglich, weil das, was er in seinem Bereich am Computer erarbeitet, meistens ganz woanders von Automaten erzeugt und zusammengebaut wird. Der Wunsch, etwas Sinnvolles selbst mit den Händen herzustellen und es auch zu be-greifen, ist deshalb bei vielen (die neben dem Fernsehen noch etwas anderes wünschen) vorhanden.
Sicher ist der Computer ein fantastisches Werkzeug und wie Sie unschwer erkennen können, wurde auch diese Anleitung nicht mehr mit Tusche und Reißfeder gemacht. Wenn wir jedoch echte Kreativität erleben wollen, ist die Arbeit mit unseren Händen der beste Weg dazu. Dass für das hier beschriebene Projekt nur einfaches Werkzeug und eine leere Konservendose verwendet werden, soll kein Nachteil sein.
Damit viele und auch junge Leute die Möglichkeit haben, den Stirlingmotor zu verstehen und zu be-greifen, ist diese Bauanleitung so angelegt, dass die meisten Arbeiten auch an Mutters Küchentisch durchgeführt werden können – wahrscheinlich aber wohl unter deren massivem Protest. Das benötigte Werkzeug ist bei den meisten Leuten sicher vorhanden. Wenn nicht, ist es leicht zu beschaffen. Die verwendeten Teile sind in Hobbymärkten und im Versandhandel erhältlich. Die Kosten halten sich in Grenzen und sind auch für Taschengeldempfänger erschwinglich.

Der Stirling-Motor und seine Anwendungsbereiche

Der viele Jahrzehnte vergessene Stirling- oder Heißluftmotor wurde in den letzten Jahren wiederentdeckt. Seine Entwicklung und sein praktischer Einsatz begannen im 1. Drittel des vorigen Jahrhunderts. Im Kleingewerbe zum Antrieb von Maschinen mit geringerem Leistungsbedarf war der Stirlingmotor damals weit verbreitet und geschätzt, bis er vor etwa 60 bis 70 Jahren durch den Otto- und Dieselmotor und die flächendeckende Versorgung mit elektrischem Strom verdrängt wurde.
Sein Erfinder, der schottische Pfarrer Robert Stirling, hatte ihn als sichere Alternative zu den anfänglich gefährlichen Dampfmaschinen zur Entwässerung der Kohlebergwerke erdacht und ihn bereits 1816 patentieren lassen.

Der Stirling-Motor ist eine Wärmekraftmaschine, die mit jeder Wärmequelle betrieben werden kann, mit den Brennstoffen Holz, Gas, Öl oder Biomasse ebenso wie mit Sonnenwärme. Eine große Chance liegt darin, ihn als Antriebsmaschine einer Kraft-Wärme-Kopplungs-Anlage in die Hausheizung einzubinden, um als Ergänzung zur direkten Sonnenenergienutzung im Sommer, im Winter Strom und Wärme mit gespeicherter Sonnenenergie in Form von Holz zu erzeugen. In diesem Fall treibt der Stirling-Motor einen Generator zur Stromerzeugung an, wobei die Abwärme zur Warm-wasserbereitung und

Heizung genutzt wird. Der erzeugte Strom wird zum Teil im Haushalt verbraucht und der Überschuss in das öffentliche Stromnetz eingespeist. Beim Einsatz von Festbrennstoffen sind die Primärenergieverluste mit 5 bis 8% recht gering. Bei der Beheizung mit Gas kann durch die Brennwerttechnik die Primärenergie voll, d.h. zu 100%, ausgenutzt werden, indem die Abgase bis auf die Heizwassertemperatur im Heizkessel abgekühlt werden.
Betrachten wir im Vergleich dazu die Stromerzeugung in Großkraftwerken: Etwa 60% der eingesetzten Primärenergie gehen als Abwärme über Kühltürme oder Kühlwasser ungenutzt verloren und heizen die Umwelt auf. Bei der Stromverteilung entstehen weitere 10% Verluste. Insgesamt bleiben nicht nur 60 bis 70% der Primärenergie ungenutzt, sondern es wird auch bei der Verbrennung viel CO_2 freigesetzt, das den Treibhauseffekt verstärkt.

Bei der Stromerzeugung durch Kraft-Wärme-Kopplung in dezentralen Blockheizkraftwerken wird leider auch CO_2 freigesetzt, sofern fossile Energie verbrannt wird. Die Menge - bezogen auf die erzeugte Kilowattstunde Wärme und Strom - ist aber sehr viel geringer als in Großkraftwerken, weil der Gesamtwirkungsgrad dank der Abwärmenutzung wesentlich höher ist. Für kleine Kraft-Wärme-Kopplungsanlagen in Einfamilienhäusern bietet sich der Stirlingmotor geradezu an.
Seine Vorteile sind:

- Kontinuierliche Beheizung; dadurch ist eine optimale, schadstoffarme Einstellung der Verbrennung möglich.
- Außer mit fossilen Energieträgern kann der Stirling-Motor auch mit Biogas, Holz und nachwachsender Biomasse beheizt werden; in diesem Fall wandelt er die Bioenergie CO_2-neutral in Nutzenergie um.
- Sehr leiser Betrieb, weil die Verbrennung nicht stoßweise erfolgt und so keine Auspuff- oder Ansauggeräusche entstehen.
- Kein bzw. minimaler Schmierstoffverbrauch.
- Die Technik ist bekannt.

Bei der Vorstellung unseres 500 Watt-Stirlingmotors ST 05 G erlebten wir es wiederholt, dass viele Leute das Funktionsprinzip dieser Wärmekraftmaschine gar nicht kennen. Um möglichst vielen Interessierten die Gelegenheit zu bieten, an einem funktionierenden Modellmotor die Wirkungsweise zu erleben und zu verstehen, haben wir, meine Söhne und ich, ein einfaches Demonstrationsmodell aus überall vorhandenen Materialien entwikkelt. Wir wollen damit besonders Schüler und Lehrer im Werkunterricht der höheren Klassen ansprechen.

Der Konservendosen-Stirlingmotor

Ich habe irgendwo einmal gelesen: „Ein Stirlingmotor ist die einfachste Wärmekraftmaschine, jeder, der einen Kolben in einen Zylinder einpassen und abdichten kann, kann ihn bauen". Das „einen Kolben einpassen und abdichten" ist aber leider nicht ganz so einfach. Es setzt einiges an maschineller Ausrüstung und auch handwerkliches Können voraus.
Durch die Zweckentfremdung einer Injektionsspritze als Kolben und Zylinder ist es zwar auch möglich, einen Stirlingmodellmotor zu bauen. Auf Flohmärkten sind Injektionsspritzen der erforderlichen Größe von 15 bis 25 ml jedoch kaum zu bekommen. Moderne Einwegspritzen sind zwar extrem preiswert und superdicht, aber absolut ungeeignet, weil sie sich viel zu schwer bewegen lassen. Wir haben also eine Möglichkeit gesucht, den mechanisch aufwendigen Kolben

Bild 1:
Der Vorgänger des im folgenden beschriebenen Stirling-Modells, aufgebaut aus einer Keksdose.

Bild 2:
Der Konservendosen-Stirlingmotor, wie er hier beschrieben wird.

und Zylinder zu umgehen und sind dabei auf einen aus besonderem, luftdichten Papier gefalteten Faltenbalg gekommen.

Unser Modellstirlingmotor hat also einen selbst gefalteten Faltenbalg aus Papier als Arbeitszylinder und ist in der ersten Version aus einer Keksdose und aus anderen im Bastelladen oder Modellbau-/Elektronikversand erhältlichen Teilen gebaut (Bild 1). Er wird mit zwei oder drei Teelichtern betrieben und erreicht eine Drehzahl von bis zu 200 Umdrehungen pro Minute.

Für die neue, verbesserte Version, die im folgenden beschrieben wird, benutzen wir als Verdrängerzylinder eine Dauerkonservendose. Auch die Verwendung einer alten entleerten normalen Konservendose ist möglich. Der Faltenbalg als Arbeitszylinder wird - etwas verkleinert - beibehalten. Mit nur einem Teelicht oder auch mit Pflanzenöl beheizt, erreicht das Maschinchen eine Drehzahl von über 250 Umdrehungen pro Minute und kann mit einem passenden Generator den Strom zum Betrieb eines Transistorradios erzeugen. Mit einem Teelicht für 10 Pfennige oder mit 12 Gramm Pflanzenöl sind 4 Stunden Rundfunkempfang bei Zimmerlautstärke möglich (Bild 2).
Außer einer Laubsäge, einer drehzahlregelbaren Handbohrmaschine mit Ständer und üblichem Kleinwerkzeug ist nur ein bisschen Fingerfertigkeit zum Falten des Balges - nach ausführlicher Anleitung - erforderlich. Ein mit den Faltkonturen bedruckter Bogen Spezialpapier liegt dieser Bauanleitung bei. Ausführliche Arbeitsanleitungen für weniger Geübte erleichtern den Nachbau. Bild 3 zeigt das Modell, gebaut aus einer alten Konservendose. Der selbst angefertigte Deckel ist ein nach Anleitung (Seite 61) aufgeweiteter Boden einer weiteren Dose. Die Abdichtung und Befestigung erfolgt mit Plastikisolierband.

In unserer Lehr- und Informationsvideokassette für Berufs- und Fachschulen, Umweltgruppen und für jeden, der sich über die Funktionweise, den Entwicklungsstand und die Einsatzmöglichkeiten des Stirlingmotors kundig machen möchte, ist dieses einfache Modell, aus einer Keksdose gebaut, im Betrieb zu sehen. Das Video erklärt auch mittels Computeranimation vereinfacht und leicht verständlich die Funktionsweise des Stirlingmotors. Viele der neueren Motoren und Modelle werden im Betrieb und auch mit ihren Laufgeräuschen gezeigt. Es wurden uns alte Film- und Videobeiträge von Firmen, die schon Stirlingmotoren gebaut haben, zur Verfügung gestellt. Die neueren Motoren, einige Modelle und unser 500 Watt Stirlingmotor ST 05 G sind mit 8 mm Video aufgenommen. Die DVD und ein Zeichnungssatz für den 500 Watt Stirlingmotor ST 05 G können vom Autor bezogen werden.
Das Lehrvideo ist jetzt auch auf einer Video-CD lieferbar. Die CD läuft mit dem Windows Media Player auf jedem PC. Von den Alu-Rohgussteilsätzen für den ST 05 G sind 111 Stück ausgeliefert. Eine Referenzliste finden Sie im Internet unter www.geocities. com/ viebachstirling. Der Stirlingmotor ST 05 G kann anhand des Zeichnungssatzes mit etwas erhöhtem Arbeitsaufwand auch als Schweißkonstruktion aus handelsüblichen Halbzeugen wie Rohren und Plattenmaterialien aus Eisen und Alu gebaut werden.

Im Juni 2004 D. Viebach

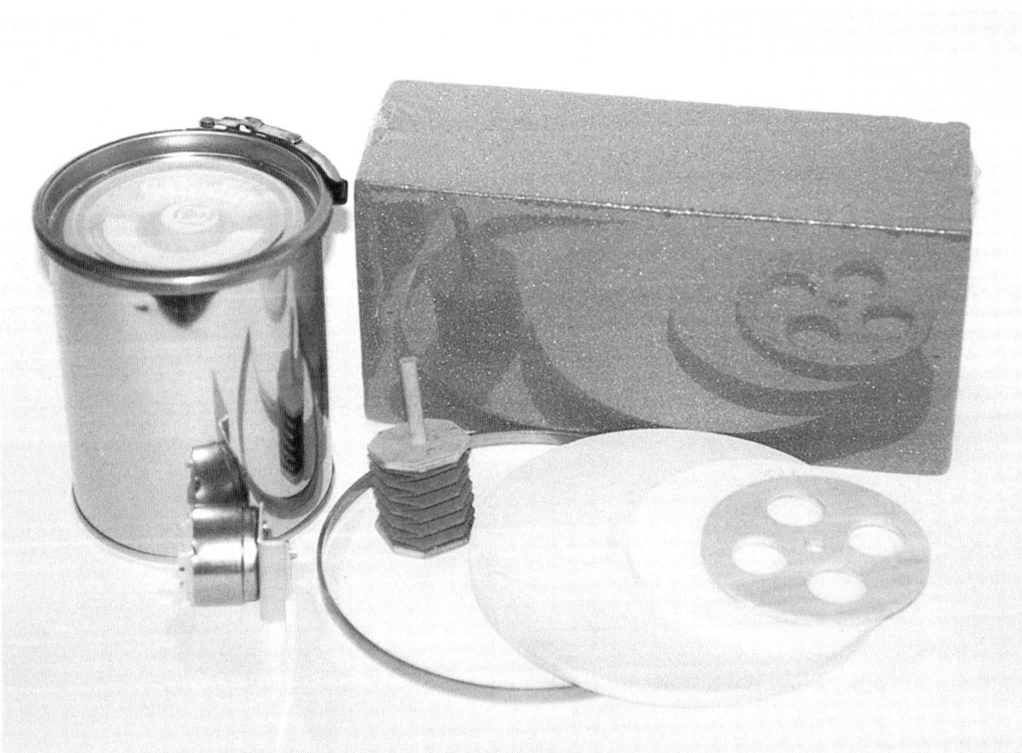

1 Hinweise zum Bau und Betrieb des Konservendosen-Stirlingmotors

Die folgenden Erläuterungen sollten Sie vor dem Bau unbedingt aufmerksam lesen, damit es Ihnen nicht wie jenem jungen Mann ergeht, der für seine Abiturfacharbeit das Thema „Stirlingmotor" gewählt hatte und ein Modell bauen wollte. Weil er das Vorgängermodell aus der Keksdose nicht zum Laufen brachte, fuhr er drei Stunden mit dem Auto bis zu mir nach Kolbermoor. Es stellte sich dann heraus, dass er die, wie ich meine, kurz gehaltene Anleitung noch nicht einmal durchgelesen hatte! Den für meine Begriffe etwas anspruchsvollen Faltenbalg hatte er dagegen sehr ordentlich hingebracht. Also: Bitte lesen Sie, bevor Sie mit dem Bau des Modells beginnen, erst einmal die Bauanleitung sorgfältig durch.

Materialien

Die Keksdose, die wir für unser ursprüngliches Modell verwendet haben, ist in der erforderlichen Stabilität nicht mehr erhältlich. Die Dose dieses Fabrikats wird inzwischen aus sehr dünnem Blech hergestellt, ebenso die Dosen anderer Hersteller, was wegen der dadurch verringerten Müllmenge sehr zu begrüßen ist. Für unseren Zweck sind diese Dosen allerdings dadurch als Verdrängerzylinder nicht mehr brauchbar. Der Boden und der Deckel wölben sich durch den im Betrieb entstehenden Druck in der Dose so stark, dass das Modell nur noch Lärm erzeugt, aber schlecht läuft.
Die neue Version bauen wir aus einer Konservendose. Am besten eignet sich eine Dauerkonservendose, also eine Konservendose mit losem Blechdeckel, einem Gummiring und einem Spannringverschluss. Diese Dosen werden verwendet und behandelt wie Einweckgläser und bevorzugt zur Konservierung von Fleischwaren benutzt. Erhältlich sind sie mit der Herstelleraufschrift „SILADUR" oder „STÄHLE" in Haushaltswaren- oder Eisenwarengeschäften bzw. im Metzger-/Schlachtereibedarf und kosten etwa 2,80 €.
Die Größe entspricht einer gewöhnlichen 1 kg Konservendose, der Durchmesser beträgt etwa 10 cm, die Höhe ca. 12,5 cm. Mit etwas Geschick und ein bisschen mehr Arbeitsaufwand kann das Modell auch aus einer gebrauchten normalen Konservendose gebaut werden. In den Arbeitsanleitungen wird auf diese Variante hingewiesen (Bild 3).

Bild 3:
Der Konservendosen-Stirlingmotor, aufgebaut aus einer gebrauchten Konservendose.

Um sich vor Enttäuschungen zu schützen, verwenden Sie bitte die in der Stückliste angegebenen oder gleichwertige Materialien und Bauteile. Insbesondere die Deckplatten für den Faltenbalg müssen aus hochwertigem Modellbausperrholz angefertigt sein. Der Faltenbalg muss luftdicht sein! Balsaholz als oberer und unterer Abschluss wäre vollkommen ungeeignet, es ist luftdurchlässig.

Das Modell kann nur funktionieren, wenn keine Luft aus der Dose und dem Faltenbalg entweichen kann. *Beachten Sie bitte unbedingt die entsprechenden Hinweise in der Anleitung !*

Für den Verdränger mit eingebautem Regenerator habe ich Blumensteckschwamm eingesetzt. Verwenden Sie nur den *grauen* oder *hellbraunen Steckschwamm* für Trockengestecke. Der grüne Steckschwamm für Nassgestecke ist wesentlich weicher und krümeliger und daher vollkommen ungeeignet. Auch Styropor und Styrodur ist ungeeignet. Der Verdränger gelangt bei seiner Auf- und Abbewegung bis dicht an den Dosenboden, der vom Teelicht auf eine relativ hohe Temperatur aufgeheizt ist. Der Blumensteckschwamm hält diese Temperatur aus. Styropor oder ähnliches Material schmilzt oder verformt sich sofort. Sie erhalten Blumensteckschwamm für Trockengestecke in Blumen- und Bastelläden und auch in den Hobbyabteilungen der Heimwerkermärkte. Diese Steckschwämme haben die Größe eines Mauersteines und werden für etwa 2 € angeboten.
In Bastelläden und Heimwerkermärkten erhalten Sie auch runde, 6 mm dicke Sperrholzscheiben, die zum Bemalen gedacht sind, mit einem Durchmesser von 15 cm für das Schwungrad und von 10 cm als Aufbauring für den Lagerbock. Mit diesen Scheiben können Sie sich das Aussägen mit der Laubsäge aus 6 mm Sperrholz ersparen. Bitte achten Sie darauf, falls Sie die Scheiben selbst aussägen, dass das 6 mm Sperrholz vollkommen plan und gerade ist.

Alle weiteren Teile wie Alu- und Messingblech, Modellbausperrholz, Wellen, Kleber und Kleinteile sind in Modellbau-Fachgeschäften erhältlich. In der Stückliste sind die Teile mit den Handelsnamen bezeichnet. Zusätzlich sind auch die Bestellnummern der Versandfirma Conrad Electronic (Anschrift im Anhang) für diese Teile mit aufgeführt. Im Katalog von Conrad Electronic und auch in deren Ladengeschäften finden Sie alle erforderlichen Teile und, wenn nötig, auch geeignetes Werkzeug.

Der Aufbau

Der Stirlingmotor ist eine sehr einfache Wärmekraftmaschine! Er arbeitet mit einem geschlossenen Zyklus; das Arbeitsgas, in unserem Modell die Luft, wird immer wieder verwendet. Damit er funktioniert, darf kein Arbeitsgas verlorengehen, die Konservendose mit dem angeschlossenen Faltenbalg muss absolut dicht sein! Wenn Sie das beachten, wird unser Modell auch problemlos laufen. Das Maschinchen ist schon mehrfach gebaut worden, alle in dieser Bauanleitung beschriebenen Arbeitsschritte sind erprobt und können mit etwas handwerklichem Geschick von jedem Interessierten ausgeführt werden. Das Modell kann auch mit erneuerbarer Energie betrieben werden. Es reicht ein einfacher Rinnenspiegel aus Holz oder eine mit Alu-Haushaltsfolie beklebte Satellitenantennenschüssel, um das Sonnenlicht auf den Dosenboden zu konzentrieren. Als Generator zur Stromerzeugung für ein Transistorradio eignet sich ein kleiner, hochwertiger 12-Volt-DC-Motor.

Zum Betrieb mit Raps- oder anderem Pflanzenöl – Salatöl aus Mutters Küche ist ebenfalls geeignet – enthält diese Bauanleitung auch einen Bauvorschlag für einen geeigneten Brenner.

Sicherheitshinweise

Wo es Ihre Sicherheit bei der Arbeit erfordert, wird in den Arbeitsanleitungen auf das Tragen einer Schutzbrille und das Benützen von Schutzhandschuhen hingewiesen. Bitte beachten Sie diese Hinweise im eigenen Interesse.

Und noch ein wichtiger Hinweis zum Betrieb des Modells:

Der fertige Stirlingmotor sollte nur mit dem Heizuntersatz betrieben werden! Verwenden Sie zur Beheizung mittels Teelicht nur solche in einem Alu- bzw. Blechbecher. Glasbecher können zerspringen! Ton- oder Keramikschalen für Teelichte sind ebenfalls ungeeignet, ja sogar gefährlich! Sind diese Schalen nicht oder nur mangelhaft glasiert, saugt sich der Ton mit geschmolzenem Paraffin voll, so dass die Schale wie ein einziger großer Docht wirkt und wie eine Fackel brennt. Es entsteht größte Feuergefahr, und obendrein wird das Modell zerstört.

Lassen Sie das Modell auf keinen Fall unbeaufsichtigt laufen. Jegliche Haftung für Folgeschäden wird ausdrücklich ausgeschlossen!!

Viel Erfolg
beim Bau und Betrieb des Modells!

2 Die Funktion des Stirlingmotors

Der hier beschriebene Stirling-Motor ist ein einfaches, funktionsfähiges Modell, beheizt mit einem Teelicht, gebaut aus einer Konservendose als Verdrängerzylinder und einem selbstgefalteten Faltenbalg als Arbeitszylinder. Ein genau eingepasster Arbeitskolben ist durch den Faltenbalg nicht erforderlich. Der Verdrängerkolben besteht aus Blumensteckschwamm. Als Schwungrad wird eine Sperrholzscheibe verwendet.

Wie funktioniert unser Konservendosen-Stirlingmotor?

Wie alle Stirlingmotoren! Eine konstante, im Verdrängerzylinder eingeschlossene Arbeitsgasmenge wird durch den Verdrängerkolben zwischen dem von außen geheizten und dem gekühlten Bereich des Zylinders hin- und hergeschoben. Heißes Gas dehnt sich aus, der Druck steigt. Kaltes Gas zieht sich zusammen, der Druck fällt.

In unserem Fall: In der durch den Deckel dicht verschlossenen Dose befindet sich Luft, das Arbeitsgas sowie der Verdrängerkolben, ein leichter, die Dose bis über die halben Höhe ausfüllender Körper aus Blumensteckschwamm (kein Styropor). Der Durchmesser des Verdrängerkolbens ist ca. 1 mm kleiner als der Innendurchmesser der Dose, damit er mit einer Stange auf und ab bewegt werden kann, ohne an den Dosenwänden zu streifen. Die Verdrängerstange ragt durch eine luftdichte Gleitführung aus der Dose heraus. Der Verdränger besitzt Bohrungen, durch die die Luft strömen kann. In den Bohrungen befindet sich der Regenerator.

Die Dose wird unten geheizt und oben gekühlt, während sich der Verdrängerkolben in der Dose auf und ab bewegt. Ist der Verdränger oben, heizt sich die Luft im unteren Teil der Dose am heißen Dosenboden auf. Ist er unten, kühlt die Luft oben an der Innenseite des kalten Deckels ab. Die dabei entstehenden Druckschwankungen werden von einem Faltenbalg, der mit dem Innenraum der Dose verbunden ist, über ein Pleuel und eine Kurbel in eine Rotationsbewegung umgewandelt.

Diese Drehbewegung wird über eine weitere Kurbel und ein Pleuel zum Antrieb des Verdrängers genutzt.

Der Stirlingmotor ist also eine Wämekraftmaschine, die sich selbst steuert.

Die Funktion eines Stirlingmotors – schrittweise und vereinfacht dargestellt

Eine dicht verschlossene Dose enthält Luft. Zur Anzeige des Druckes in der Dose ist über eine Öffnung eine Druckanzeige angeschlossen (Bild 4). Wird der Boden der Dose erhitzt, dehnt sich die Luft aus und der Druck in der Dose steigt. Wird die Dose gekühlt, zieht sich die Luft in der Dose zusammen, der Druck sinkt.
Das ständige Aufheizen und anschließende Kühlen der Dose braucht Zeit. Deshalb ist eine Erweiterung der Anordnung sinnvoll. In die Dose wird ein Verdrängerkolben, an dem die Luft seitlich vorbeiströmen kann, mit ei-

ner Gleitdichtung für die Kolbenstange eingebaut (Bild 5). Die Dose wird ständig und gleichzeitig oben gekühlt und unten geheizt. Der Verdrängerkolben kann von außen mit nur geringem Kraftaufwand durch die Verdrängerstange auf und ab bewegt werden.

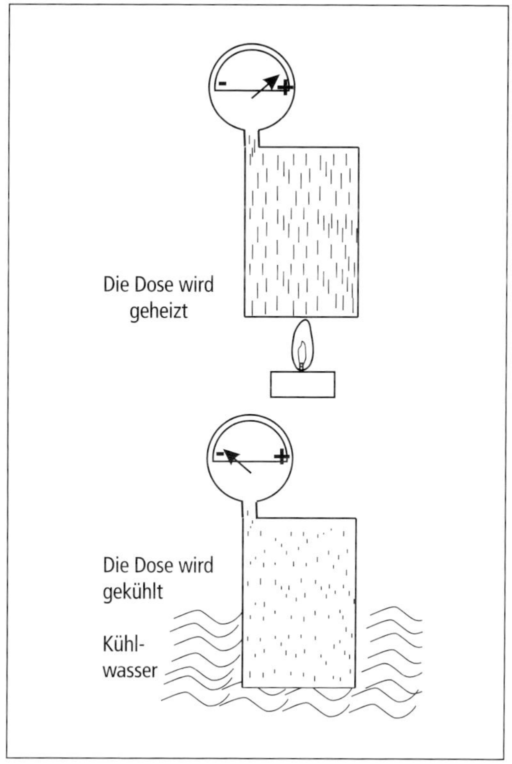

Phase 1:
Ist der Verdränger oben, befindet sich alle Luft im heißen Raum, der Druck in der gesamten Dose ist hoch.

Phase 2:
Ist der Verdränger unten, befindet sich die gesamte Luft im gekühlten Raum, der Druck in der ganzen Dose ist niedrig.

Dadurch, dass die Dose oben ständig gekühlt und unten immer geheizt ist, wird das Aufheizen und Abkühlen der Luft nur durch das Verschieben des Verdrängerkolben gesteuert. Die Druckänderung erfolgt schnell. Der dabei entstehende Gasdruck übt auf den Verdrängerkolben *keine* Kraft aus, da der Druck auf beiden Seiten des Verdrängerkolbens ansteht. *Wichtig: Der Verdrängerkolben ist nicht abgedichtet,* die Luft kann seitlich vorbei strömen. Der Verdrängerkolben hat nur eine Steuerfunktion.

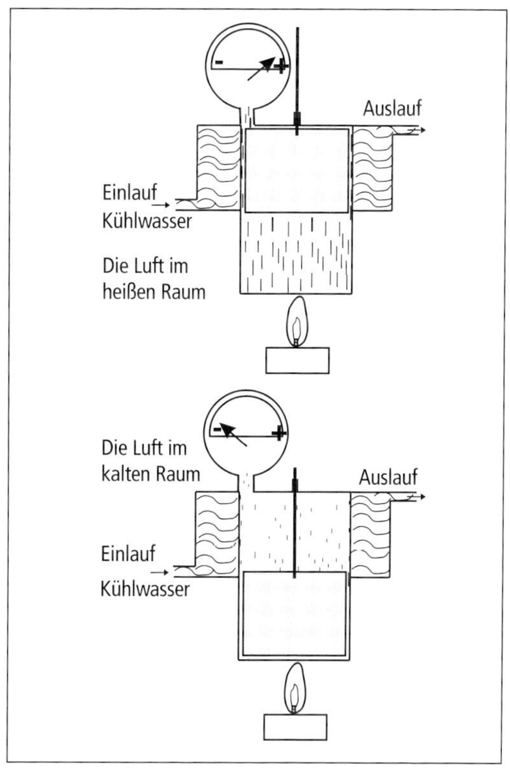

Bild 4:
In einem luft- oder gasgefüllten, geschlossenen Behälter herrscht bei hoher Temperatur ein hoher Druck und bei niedriger Temperatur ein entsprechend niedrigerer Druck. Zur Druckanzeige halten Sie bitte das Ende eines dicht an die Dose angeschlossenen Schlauches in ein Wassergefäß.

Bild 5:
Der Behälter, nun mit einem Verdrängerkolben ausgestattet, wird oben gekühlt und unten beheizt.

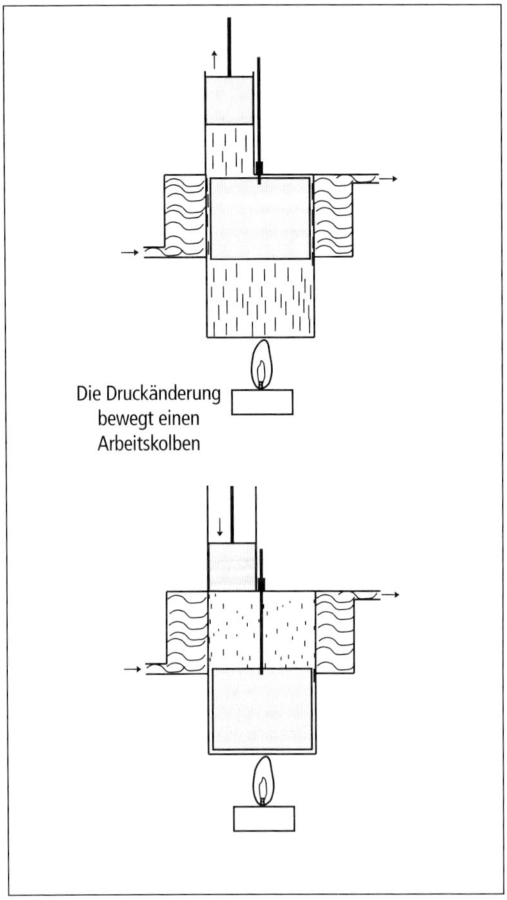

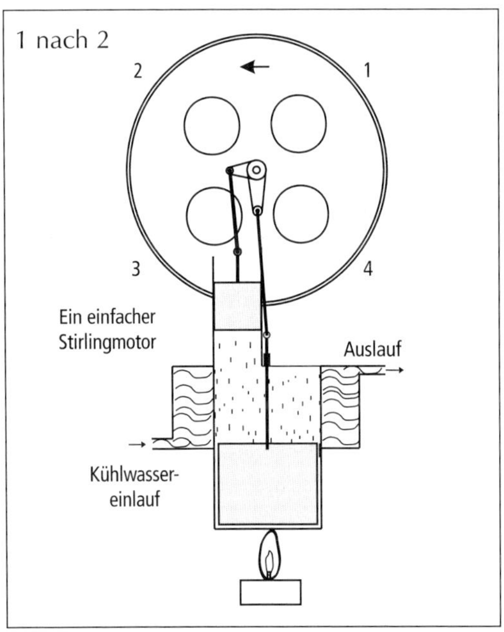

Die nächste Erweiterung

Anstelle der Druckanzeige wird nun ein Zylinder angebracht, der einen Kolben mit Gleitdichtungen enthält (Bild 6). Dieser Kolben ist der Arbeitskolben des Stirlingmotors.

Phase 1:
Ist der Verdränger oben und alle Luft im heißen Raum, wird der Arbeitskolben durch den hohen Druck in der Dose nach oben gedrückt.

Phase 2:
Ist der Verdränger unten und alle Luft im kalten Raum, wird durch den geringen Druck in der Dose der Arbeitskolben durch den jetzt größeren Außendruck nach unten gedrückt.

Die Erweiterung zum Stirlingmotor

Damit ein Stirlingmotor entsteht, werden Verdränger und Arbeitskolben durch Pleuel mit einer zweifach gekröpften Kurbelwelle verbunden. Die Kurbelwelle ist so ausgeführt, dass der Verdrängerkolben dem Arbeitskolben um eine viertel Umdrehung voreilt.

Arbeitstakt 1 nach 2: „Verdichten"

Wird die Kurbelwelle mit dem Schwungrad gegen den Uhrzeigersinn von 1 nach 2 gedreht, verdichtet der Arbeitskolben die Luft, die sich im kalten Raum befindet, während der Verdränger sich im unteren Totpunkt nur wenig bewegt. Anschließend verschiebt der Verdränger die Luft in den heißen Raum. Die Luft beginnt sich zu erwärmen und dehnt sich aus. Dadurch steigt der Druck im gesamten Motor.

Bild 6 (oben):
Anstelle der Druckanzeige wird ein Arbeitskolben angebracht.

Arbeitstakt 2 nach 3:
„Heizen und Arbeit verrichten"

Der Verdrängerkolben schiebt die Luft ganz in den heißen Raum, die Luft dehnt sich soweit wie möglich aus, der Druck im Motor erreicht das Maximum.
Der Arbeitskolben wird nach oben gedrückt und treibt über sein Pleuel und die Kurbelwelle das Schwungrad an.

Arbeitstakt 3 nach 4:
„Entspannen und Arbeit verrichten"

Der Arbeitskolben wird noch weiter nach oben gedrückt, während sich der Verdrängerkolben im oberen Totpunkt nur wenig bewegt.
Anschließend schiebt der Verdrängerkolben die Luft in den kalten Raum. Sie beginnt sich abzukühlen und zieht sich zusammen, der Druck im Motor beginnt zu fallen.

Arbeitstakt 4 nach 1:
„Kühlen und Arbeit verrichten"

Der Verdrängerkolben bewegt sich nach unten und schiebt die Luft ganz in den kalten Raum, sie zieht sich zusammen und der Druck fällt auf seinen Minimalwert.
Der Arbeitskolben wird jetzt vom größeren Außendruck nach unten gedrückt und treibt über sein Pleuel und die Kurbelwelle das Schwungrad an.

Danach beginnt wieder der 1. Arbeitstakt (Stellung 1 nach 2 usw.).

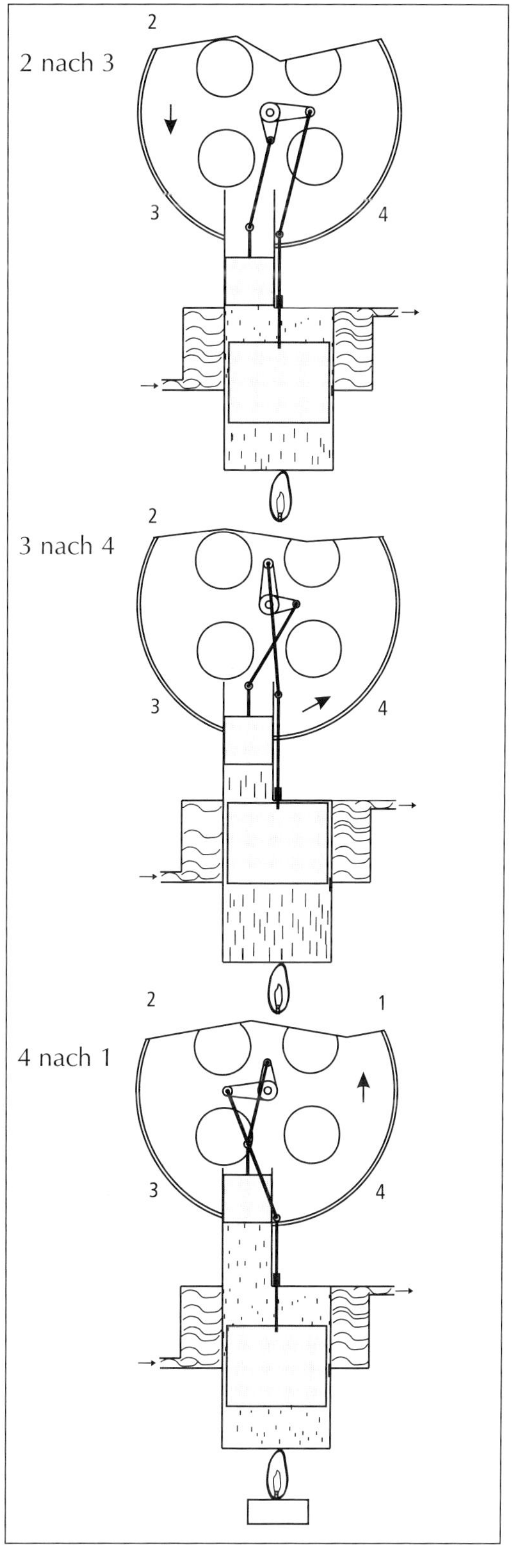

Bild 7 (links unten und rechts):
Die vier Arbeitstakte des Stirling-Motors.

Der Regenerator und seine Funktionen

Beim Betrieb dieses einfachen Stirlingmotors wird die Wärme, die das Arbeitsgas Luft im heißen Raum von der Wärmequelle aufgenommen hat, in den kalten Raum transportiert und an das Kühlwasser abgeführt. Der Wirkungsgrad, also das Verhältnis von abgegebener Rotationsenergie an der Welle zu zugeführter Energie in Form von Wärme, ist gering.

Durch das Einbauen eines Kurzzeitwärmespeichers, des *Regenerators*, zwischen heißem und kaltem Raum kann der Wirkungsgrad auch dieses einfachen Stirlingmotors gesteigert werden.

Der Regenerator ist ein poröser, gasdurchlässiger Körper, im Hinblick auf geringen Strömungswiderstand z.B. aus feinen Metalldrähten bestehend, der dem Arbeitsgas bei der Durchströmung von heiß nach kalt Wärme entzieht und dabei aufgeheizt wird. Das Arbeitsgas hat dabei den größten Teil der Wärme in diesem Kurzzeit-Wärmespeicher zurückgelassen, so dass im kalten Raum entsprechend weniger Wärme an das Kühlwasser abgeführt werden muss.
Strömt das Arbeitsgas in Gegenrichtung wieder zurück in den heißen Raum, wird es beim Zurückströmen durch den Regenerator bereits vorgeheizt und nimmt weniger Wäme von der Energiequelle auf.

Der Regenerator ist bei Stirlingmotoren ein sehr wichtiges Bauteil.

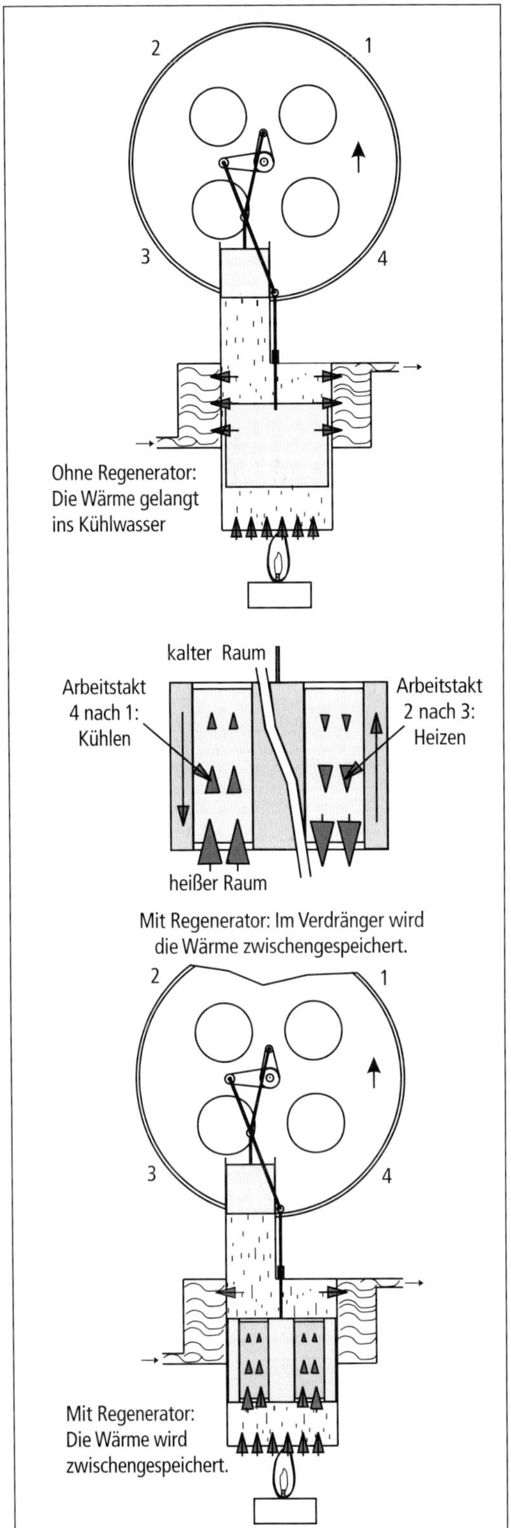

Bild 8:
Der Regenerator hilft, die zugeführte Wärme besser zu nutzen.

Das p-V-Diagramm und die Leistung

Zur Beurteilung eines Stirlingmotors werden die 4 Takte des Stirlingzyklus in einem p (Druck)- V (Volumen)-Diagramm aufgetragen. Die Fläche in diesem Diagramm ist ein Maß für die Arbeit, die durch einen idealen Zyklus des Kreisprozesses (1 Umdrehung) verrichtet wird (Bild 9).
Abweichend vom idealen Stirling-Zyklus werden in der Realität die Maximalwerte für Druck- und Volumenänderung nicht erreicht. Dadurch ist beim realen Stirlingprozess die durch den Kreisprozess umschriebene Fläche innerhalb des Diagrammes erheblich kleiner und beträgt nur etwa 1/3 bis 1/5 der Fläche des idealen Prozesses. Mehrere Ursachen sind dafür verantwortlich:

- Mit den im Motorenbau verwendeten Kurbeltrieben ist nur eine (annähernd) sinusförmige Kolbenbewegung möglich, was eine Abrundung der Ecken des Diagrammes zur Folge hat.
- Weitere Abstriche werden durch Toträume verursacht, die zwangsläufig in real ausgeführten Stirlingmaschinen vorhanden sind. Toträume sind die Zwischenräume zwischen dem Regeneratormaterial, die Endspalte im Erhitzer und Kühler im oberen und unteren Totpunkt des Verdrängerkolbens und in großen Stirlingmaschinen der Raum in den Erhitzerröhren, im Kühler und in den Verbindungskanälen. Toträume verringern das Verdichtungsverhältnis und damit die maximal erreichbare Druckänderung beim Durchlaufen des Kreisprozesses. Im Diagramm (Bild 9) entspricht der reale Kreisprozess einer Verschiebung der ovalen Fläche nach rechts.

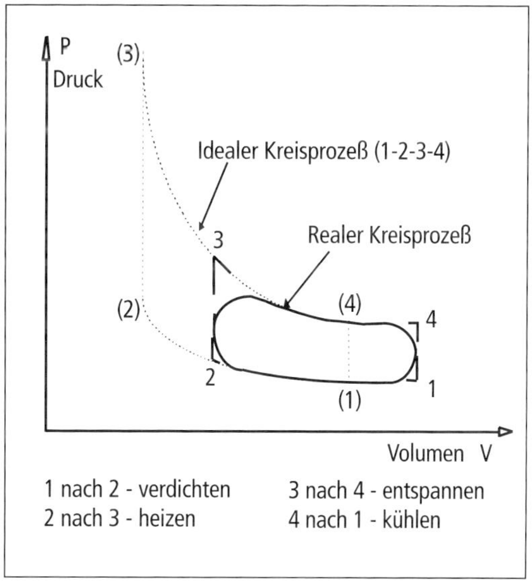

Bild 9: Der Stirling-Zyklus im p-V-Diagramm.

Die durch den Kurbeltrieb und die Toträume bedingte Verkleinerung der eingeschlossenen Fläche im p-V-Diagramm zeigt die Reduzierung der erzielbaren Nutzarbeit pro Zyklus an. Über den erzielbaren Wirkungsgrad wird damit keine Aussage gemacht.

Der *Wirkungsgrad* des Stirlingmotors wird durch die Gasreibung in der Maschine, durch Wärmeleitung in den Bauteilen, durch Wärmeabstrahlung sowie durch den Regenerator und mechanische Verluste im Kurbeltrieb bestimmt.
Dem Stirlingsprozess wird die Energie von außen durch die Zylinderwände zugeführt. Insofern beeinflusst auch der Wirkungsgrad des zur Beheizung eingesetzten Brenners den Gesamtwirkungsgrad des Stirlingmotors.

Die Berechnung der Leistung

Die Leistung P unseres „Konservendosen-Stirlingmotors" kann mit einer Überschlagsformel nach Prof. Ivo Kolin berechnet werden (diese Formel gilt nur für den Niedertemperaturbereich):

$P = (V \cdot \Delta T^3) / (2 \cdot 10^8)$ [kW] mit

V = Volumen in Liter (verschobenes Volumen)

ΔT = Temperaturdifferenz von heißem zu kaltem Arbeitsgas in Kelvin (bezogen auf den absoluten Nullpunkt von minus 273°C).

Wenn wir für das heiße Arbeitsgas 373 K (100°C) und für das kalte Arbeitsgas 318 K (45°C) einsetzen, erhalten wir nach Prof. Kolin ca. 100 mW. Dieser Wert dürfte realistisch sein. Der verwendete „Generator" liefert bei 3 Volt etwa 20 mA entsprechend 60 mW. Der Wirkungsgrad des Gummiriemens und des „Generators" ist auch zu berücksichtigen.

Stirlingmaschinen werden nicht nur als Wärmekraftmaschinen gebaut. Mit dem Stirlingprinzip ist es auch möglich, zu kühlen oder Wärme auf ein höheres Niveau zu heben (Wärmepumpe). Auch unseren Konservendosen-Stirlingmotor können wir als Kältemaschine betreiben. Die Kühlleistung ist zwar sehr klein, aber der Effekt lässt sich doch messen.

Die Konservendosen-Kältemaschine

Für diesen Versuch müssen wir unseren Stirlingmotor mit einem kräftigeren Antriebsriemen ausstatten. Der leichte Verpackungsgummi, mit dem der DC-Motor als Generator angetrieben wird, ist zu schwach, wenn der DC-Motor den Stirlingmotor antreiben soll. In diesem Fall ist also ein kräftigerer Gummiring einzusetzen!

Die unteren 2 cm der Konservendose unseres Stirlingsmotors werden mit Styropor isoliert. Dazu sind 2 Styroporplatten (ca. 17 cm x 17 cm, 2 cm dick) zu beschaffen (Baumarkt). In eine Platte wird mit der Laubsäge ein Loch mit 10 cm Durchmesser geschnitten. Die Öffnung sollte mit Schleifpapier etwas ausgeschliffen werden, damit die untere Wulst von unserem Stirlingmotor in diese Öffnung passt. Anschließend wird die Platte ohne Öffnung unten und die Platte mit Öffnung oben aufgeklebt (UHU por). Seitlich wird noch eine Öffnung angebracht, die bis unter den Boden der Konservendose reicht, um einen Temperaturfühler anbringen zu können (Temperaturmessgeräte siehe Conrad-Katalog).

Um die Kältemaschine in Betrieb zu nehmen, wird der Konservendosen-Stirlingmotor in diese Isolierhülle gestellt und mit dem DC-Motor in der gleichen Drehrichtung und mit etwa der gleichen Drehzahl angetrieben wie er sonst läuft. Höhere Drehzahlen bringen keinen Vorteil, da durch innere Luftreibung Wärme entsteht, die dem Kühleffekt entgegenwirkt.

Die Temperatur am Dosenboden wird etwa 2 bis 4°C gegenüber der Umgebungstemperatur fallen.

Unser Modell arbeitet als Kältemaschine!

Die Wärmepumpe

Wenn wir die Stromzuführung zum DC-Motor umpolen und das Modell in der entgegengesetzten Drehrichtung antreiben, wird die Temperatur am Dosenboden etwa 2 bis 4° C gegenüber der Umgebungstemperatur ansteigen. *Das Modell arbeitet jetzt als Wärmepumpe.*

Die nur geringe Kühlleistung ist durch die sehr geringe Verdichtung zu erklären, die wir mit dem Faltenbalg erreichen, und durch die große Oberfläche, die unser Modell aufweist.

Kleine, sehr leistungsfähige Stirlingkältemaschinen sind zur Kühlung von elektronischen Bauteilen in großer Zahl im Einsatz. Mit größeren Maschinen ist es sogar möglich, Luft zu verflüssigen (bei -198°C). Seit bekannt ist, wie ozonschädlich die FCKW-Kältemittel in unseren Haushaltskühlschränken und in den Kühl- und Klimaanlagen sind, wird die Stirlingtechnik intensiv zur Kälteerzeugung untersucht.

3 Der Bau des Konservendosen-Stirlingmotors

Benötigtes Werkzeug

Die übliche Ausrüstung wie Hammer, Zange, kleine Schraubzwingen und Schraubendreher usw. wird vorausgesetzt. Zusätzlich werden folgende Werkzeuge benötigt:

- ein kleiner brauchbarer Schraubstock mit etwa 80 mm breiten Backen
- ein Laubsägebügel mit Sägebrett und Schraubzwinge und Sägeblättern für Holz und Metall
- eine Puk-Säge mit Holz- und Metallsägeblättern
- eine elektrische Handbohrmaschine mit elektronischer Drehzahlregelung oder mit einem entsprechenden Vorschaltgerät, um die Maschine langsam laufen zu lassen. Das Bohrfutter (Aufnahme bis 10 mm ∅) darf nicht schlagen (nicht unrund laufen).
- ein Bohrständer dazu
- ein brauchbarer Bohrmaschinenschraubstock
- eine Tischklemme für die elektrische Handbohrmaschine (siehe Bild 13 auf Seite 55)
- eine Schleifscheibe mit 80 bis 100 mm ∅ zum Einspannen in die Bohrmaschine, oder eine Schleifmaschine
- ein Satz Spiralbohrer für Metall, 1 bis 10 mm ∅, 0,5 mm steigend
- ein konischer Schälbohrer 5 bis 20 mm ∅
- eine gute Blechschere, die auch dünnes Dosenblech schneidet
- ein Messschieber (Schublehre), mit dem man 0,1 mm innen und außen sicher messen kann (Modelle aus Kunststoff sind nicht geeignet)
- ein kleiner Winkelmesser
- ein Federzirkel 150 mm
- ein Körner
- ein Durchschlag (Splinttreiber) mit 4,5 mm ∅ (eventuell 4 mm ∅)
- eine Reißnadel
- ein Imbus-Stiftschlüssel 1,5 mm
- ein kleiner Dreikantschaber
- ein Satz Schlüsselfeilen,
- ein elektrischer Lötkolben, ca. 50 Watt oder, wenn Sie das Modell ohne „Generator“ bauen und die elektrischen Verbindungen nicht löten müssen, einen billigen Brenner für Feuerzeuggas
- *Und für Ihre Sicherheit eine Schutzbrille und ein Paar Schutzhandschuhe.*

Die Arbeitsanleitungen

Auf den folgenden Seiten finden Sie neben den Zeichnungen Anregungen zum Anfertigen der Teile. Diese Anregungen beziehen sich nicht immer unmittelbar auf die Teile in der Zeichnung daneben, sondern können unter Umständen auch für Teile in anderen Zeichnungen zutreffen. Ein entsprechender Hinweis ist dann vorhanden. Natürlich sind auch andere Arbeitsweisen möglich!
Erfahrene Praktiker werden meine Ratschläge neben den Zeichnungen vielleicht belächeln. Bitte bedenken Sie: Sicher hatten Sie als junger Anfänger einen Freund, einen Lehrmeister oder, wenn Sie ganz großes Glück hatten, Ihren Vater an Ihrer Seite, der Sie mit vielen Handgriffen und Kniffen vertraut gemacht hat. Heute ist das Surfen im weltweiten Internet und das Tauschen von Steckkarten im PC für junge Leute selbstverständlich. Einen abgebrochenen Schlüssel zusammenzulöten oder aus einem Rohling einen neuen zu feilen, ist dagegen schon problematischer. Diese Grundfertigkeiten versuche ich – neben den Zeichnungen – den Anfängern zu vermitteln. Wenn Ihnen also meine Ratschläge nichts mehr bringen, lassen Sie sie beiseite und wenden Sie sich den Zeichnungen zu. Auf Toleranzangaben, ISO-Passungen und normgerechte Darstellung in den Zeichnungen habe ich bewusst verzichtet. Für den Anfänger wären diese Eintragungen verwirrend, weil er sie noch nicht kennt, und der Fachmann weiss ohnehin, worauf es ankommt. Für die Ausbildung kann es eine lohnende Aufgabe sein, alle Zeichnungen normgerecht und CAD-CAM-fähig zu überarbeiten.

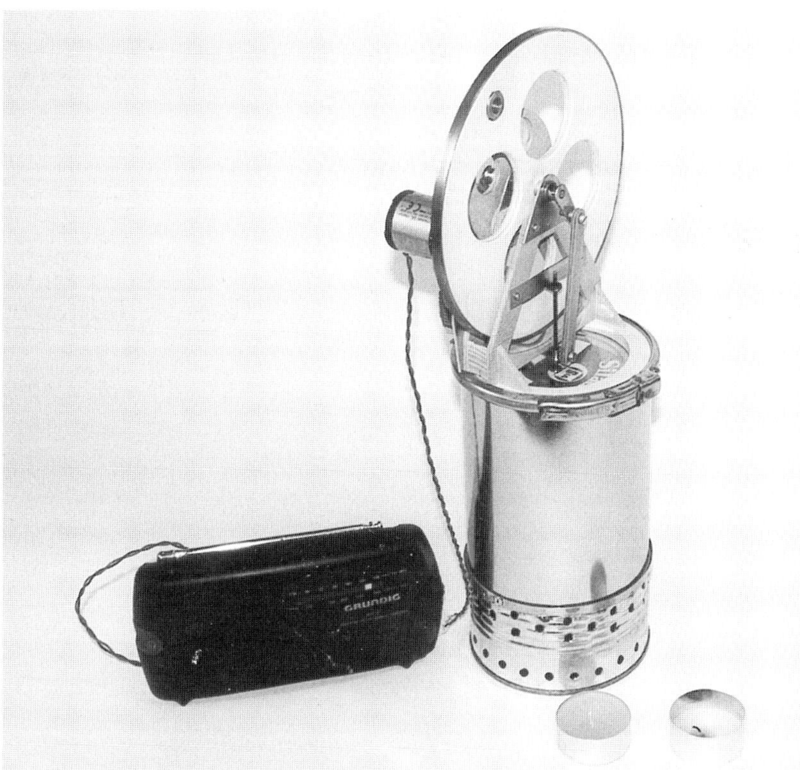

Stückliste für den Konservendosen-Stirlingmotor

Teil	Menge	Benennung	Quelle	Bemerkung / Best. Nr.
		Konservendosen-Stirlingmotor		
1	1	Dauerkonservendose	Siladur oder Staehle	Haushaltswarengeschäft
2	1	Verdränger, Blumensteckschwamm grau	n.Z. Seite 26	Blumen- / Bastelladen
3	1	Verdrängerkern aus 6 mm Dübelholz	n.Z. Seite 26	Heimwerkermarkt
4	4	Regeneratormaterial 4 Gramm	Stahlwolle Sorte 00	Haushaltswarengeschäft
5	1	Verdrängerstange, Silberstahl, 2 mm ϕ	n.Z. Seite 26	Conrad Electronic 237213-66
6	1	Aufbauring für Lagerbock Sperrholz 6 mm	n.Z. Seite 30	Bastelladen/Heimwerkermarkt
7	1	Verbindungsrohr, 12 mm ϕ, Kupferrohr	n.Z. Seite 35	Heimwerkermarkt
8	1	Unterteil 3mm Sperrholz	n.Z. Seite 39	Graupner oder Conrad -
9	1	Oberteil 3mm Sperrholz	n.Z. Seite 39	Elektronic 235571-66
10	1	Faltenbalg aus Faltbogen	n.Z. Seite 46-49	in der Bauanleitung enthalten
11	1	Pleuel für Faltenbalg, Sperrholz, Dübelh.	n.Z. Seite 38	Heimwerkermarkt
12	1	Mittelteil für Lagerbock, Hartholz	n.Z. Seite 31	Heimwerkermarkt
13	2	Seitenteil für Lagerbock, 3 mm Sperrholz	n.Z. Seite 31	Graupner oder Conrad -
14	2	Verstärkungsknoten, 3 mm Sperrholz	n.Z. Seite 33	Electronic 235571-66
15	2	Lagerblech, 1 mm Al oder MS Blech	n.Z. Seite 33	Conrad Electronic 297593-66
16	2	Bundbuchse, 4 mm ϕ	Kaufteil	Conrad Electronic 237035-66
17	15	Blechschraube, 2,2 x 6,5	Kaufteil	Conrad Electronic 228745-66
18	3	Dichtscheibe, 2,4 ϕ x 6 ϕ x 0,5 mm		aus dünner Pappe anfertigen
19	1	Pleuel für Verdränger, 3 mm Sperrholz	n.Z. Seite 38	Conrad Electronic
20	1	Kurbel für Faltenbalg, MS Blech	Kaufteil +n.Z. Seite 33	Conrad Electronic 225410-66*
21	1	Kurbel für Verdränger, MS Blech	Kaufteil +n.Z. Seite 33	Conrad Electronic 225410-66*
22	3	Zylinderschraube, M3 x 8 DIN 84	Kaufteil	
23	3	Hülse, MS-Rohr	n.Z. Seite 35	Conrad Electronic 297194-66
24	3	Beilagscheibe, 3,2 DIN126	Kaufteil	auf ϕ 4,0 mm aufbohren !
25	2	Mutter M 3 DIN 934	Kaufteil	
26	1	Stellring für 2 mm Welle	Kaufteil	Conrad Electronic 225398-66*
27	2	Bundbuchse, 2 mm ϕ	Kaufteil	Conrad Electronic 237400-66
28	1	Verdrängerstangenlager, 1mm Al/MS Blech	n.Z. Seite 35	Conrad Electronic
29	1	Schwungrad, 150 mm ϕ, 6 mm Sperrholz	n.Z. Seite 37	Bastelladen
30	1	Nabe / Einsatzstück 4 mm	Kaufteil (gekürzt)	Conrad Electronic 226491-66
31	1	Schwungradreifen, Flachprofil od. Draht	n.Z. Seite 37	Conrad Electronic 297151-66
32	1	Gegengewicht, Mutter M8 DIN 934		Heimwerkermarkt
33	1	Riemenscheibe, Sperrholz 4 mm	n.Z. Seite 39	Bastelladen/Heimwerkermarkt
34	1	Nabe / Einsatzstück 4 mm	Kaufteil (gekürzt)	Conrad Electronic 226491-66
35	1	Welle, Silberstahl, 4 mm ϕ	n.Z. Seite 35	Conrad Electronic 237060-66
36	1	Heizuntersatz für 1 Teelicht	n.Z. Seite 41	aus einer Konservendose

Teil	Menge	Benennung	Quelle	Bemerkung / Best. Nr.
		Generator mit Riemenscheibe und Haltewinkel		
37	1	DC-Motor 12V, 2,5W **	Kaufteil	2130.907-22.112-050, maxon motor GmbH 81825München
38	1	Riemenscheibe, Sperrholz 4 mm u.Kauft.	n.Z. Seite 35	Conrad Electronic 225398-66*
39	1	Haltewinkel, 1 mm Al oder MS-Blech	n.Z. Seite 45	
40	1	Antriebsriemen, Verpackungsgummi	Kaufteil 65 mm ϕ	Bürobedarf
	1	Elektrolytkondensator 10.000 µF 16 V	Kaufteil	Conrad Electronic 471178-66
	1	Leuchtdiode	Kaufteil	Conrad Electronic 177022-36
	2	Dioden 1N4002	Kaufteil	Conrad Electronic 162221-66
41	1	Brenner für Pflanzen- oder Lampenöl	aus einer ϕ 70 mm	Koservendose gebaut, Seite 43
Hilfsstoffe:		Schnellhärtender Zweikomponentenkleber	z.B. Epoxyd-Klebstoff	Conrad Electronic 813337-58
		Elektronik-Lot 1 mm	L-Sn 60 PBCu2	Conrad Electronic 812889-66
		Holz-Papierleim, z.B.	UHU Coll wasserfest	Bastelladen/Heimwerkermarkt

* Diese Teile sind auch im Stellringsortiment 223735-66 bei Conrad Electronic enthalten. n.Z. = nach Zeichnung

** Sie können einen superleicht drehenden Glockenankermotor aus einem defekten Kasetten- oder Videorekorder verwenden. Bitte ausprobieren.

Zu den Bauteilen im einzelnen

Der Konservendosendeckel mit Aufbau

Im Deckel der Dauerkonservendose (Teil 1), oder wenn Sie das Modell aus einer normalen Konservendose bauen, in dem selbstangefertigten Deckel (siehe Seite 61) müssen 5 Bohrungen angebracht werden.

Die Bohrung in der Mitte hat einen Durchmesser von 4,95 mm (siehe Seite 27 und 59 oben). Diese Bohrung muss genau im Zentrum des Deckels sein und der Durchmesser muss stimmen. Das Einpressen der Bundbuchse (Teil 27) wird auf Seite 59, vorletzter Absatz, beschrieben.

Die 3 Bohrungen dienen zum Anschrauben von Teil 6 mit dem aufgeleimten Lagerbock. Der Dosendeckel besitzt eine Ringwulst, auf der Teil 6 aufliegt. Legen Sie Teil 6 von oben in den Deckel und markieren Sie mit dem Körner leicht von der Unterseite die Punkte, an denen die 3 Löcher gebohrt werden. Um diese Löcher zu bohren, wird Teil 6 wieder aus dem Deckel entfernt. Die Bohrungen liegen in der Wölbung der Ringwulst. Damit die Schraubenköpfe (Teil 17) mit den Dichtscheiben (Teil 18) richtig abdichten (zum Thema „Dicht" siehe Seite 10, zweiter Absatz), muss um die Bohrungen eine ebene Fläche mit einem Durchmesser von ca. 5 mm geschaffen werden (siehe Detailansicht im Maßstab 2:1).

Dazu ein Tip:
Spannen Sie einen kleinen Hammer so in den Schraubstock, dass Sie die Deckeloberseite mit Wulst und Bohrung auf die glatte Fläche des Hammers auflegen können. Mit dem Durchschlag oder mit dem Schraubenkopf einer M3 x 8 mm Zylinderschraube (Teil 22) kann durch leichtes Klopfen auf der nach oben weisenden Deckelunterseite eine ebene Fläche um jede der 3 Bohrungen geschaffen werden.

Die Bohrung für das Verbindungsrohr mit 12 mm ϕ (Teil 7) lässt sich am einfachsten mit einem konischen Schälbohrer in das dünne und unebene Blech des Dosendeckels einbringen.
Dazu wieder ein Tip: Zusammen mit Teil 6 bohren! Dazu Teil 6 in der richtigen Position in den Dosendeckel legen und mit 3 Pinwandstiften durch die Befestigungsbohrungen fixieren. Von der Oberseite her Teil 6 und den Dosendeckel mit einem 3 mm-Bohrer beginnend auf 6 mm ϕ aufbohren. Dazu die Bohrmaschine in den Bohrständer einspannen und *Schutzbrille und Schutzhandschuhe tragen!*
Anschließend mit dem konischen Schälbohrer abwechselnd von beiden Seiten vorsichtig auf 12 mm ϕ aufbohren. Vorsicht, der Schälbohrer verläuft leicht! Das bedeutet, er wandert seitlich weg, wenn Sie den Deckel nicht fest auf die Bohrunterlage aufdrücken. Während des Aufbohrens die Lage der Bohrung kontrollieren und falls erforderlich durch vorsichtiges seitliches Schieben korrigieren.

Das Verbindungsrohr soll nicht zu locker in die Bohrung im Dosendeckel passen. Im Sperrholz von Teil 6 darf die Bohrung etwas größer sein.
Um das Verbindungsrohr mit dem Dosendeckel verlöten zu können, muss der Schutzlack, mit dem der Dosendeckel überzogen ist, auf der Ober- und Unterseite mit dem Dreikantschaber und mit feinem Schleifpapier entfernt werden, und zwar etwa 2 mm breit um die 12 mm-Bohrung herum. Das Verbindungsrohr aus Kupfer und der Blechrand um die Bohrung müssen metallisch blank und fettfrei sein und dürfen nach dem Abschleifen im Bereich der Lötstelle nicht mehr mit bloßen Fingern angefasst werden.

Stirlingmotor zur Stromerzeugung zum Betrieb eines Transistorradios (Gesamtansicht)

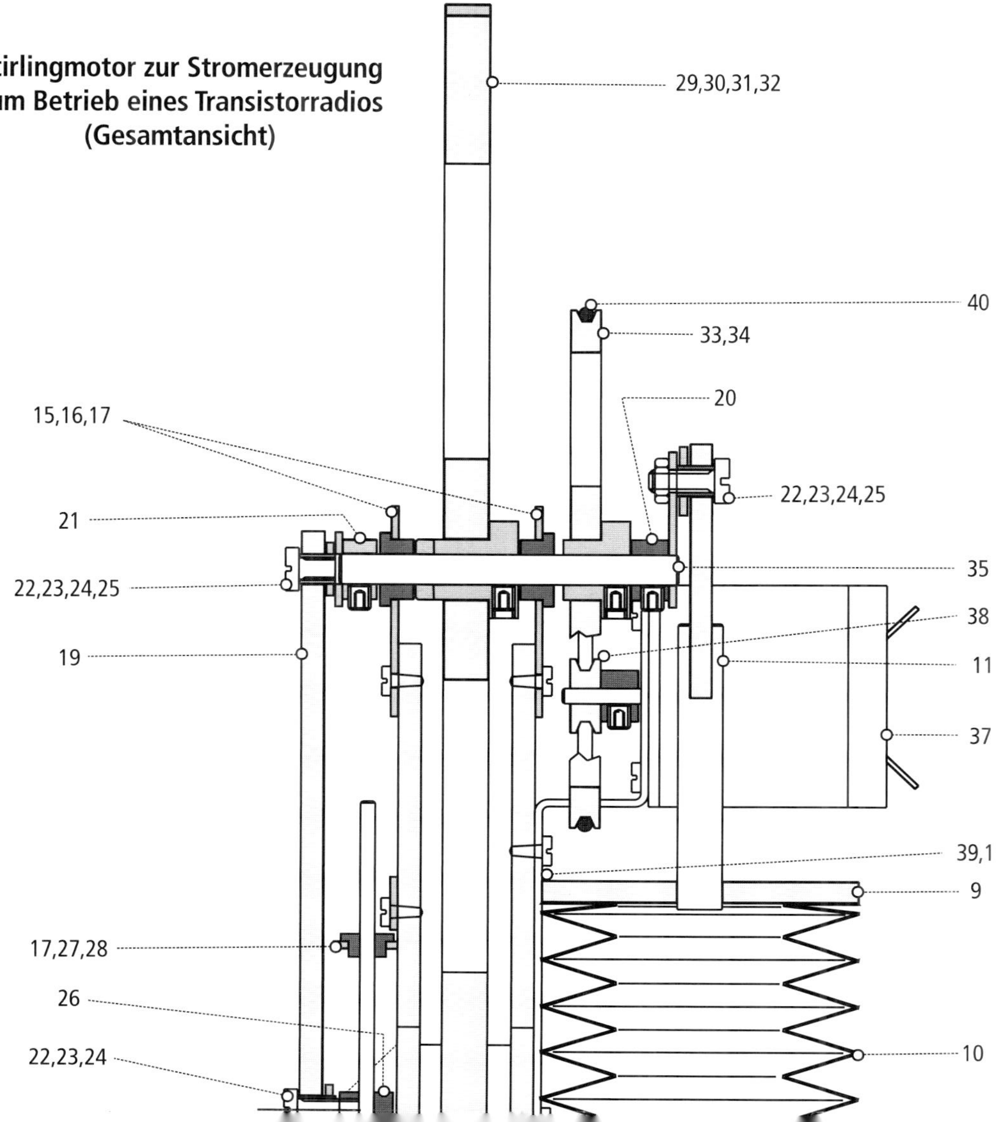

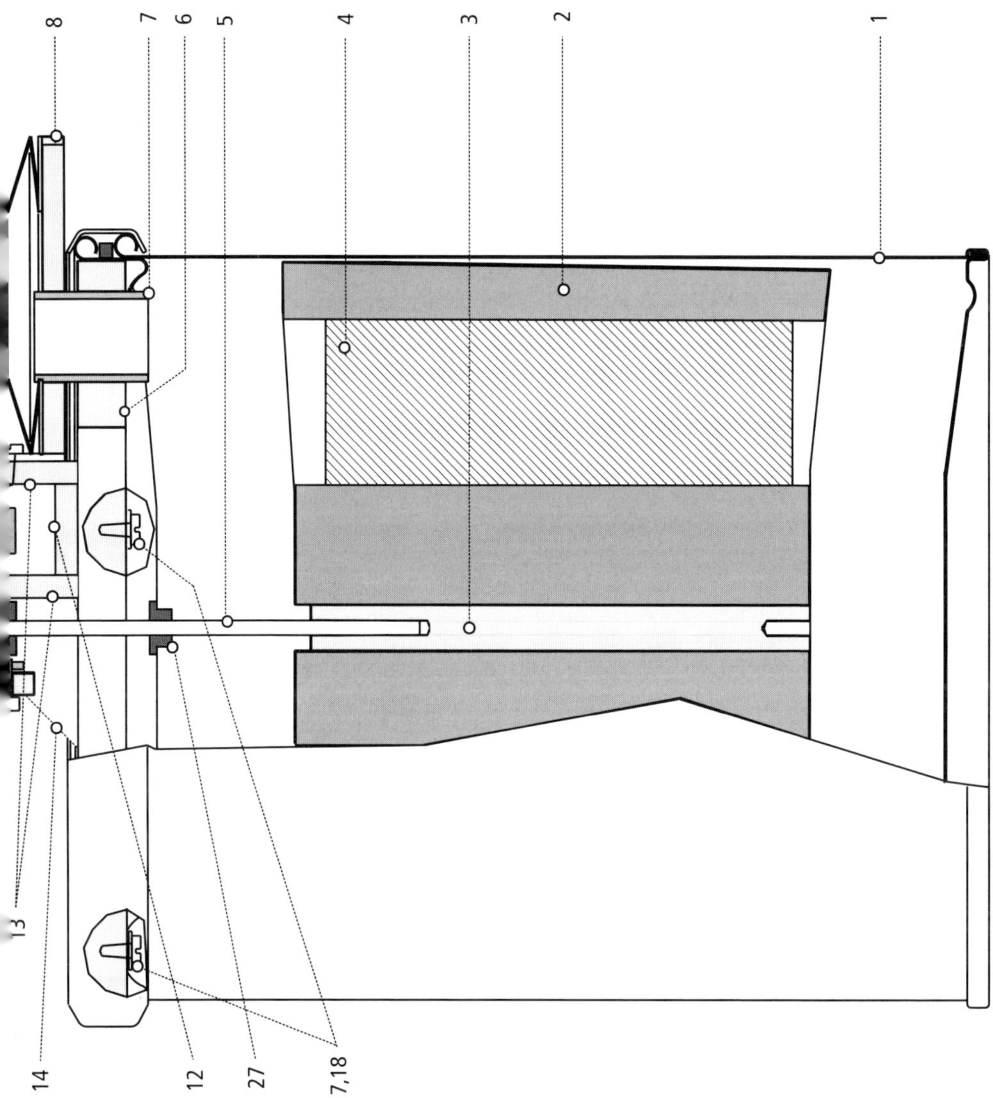

1
2
3
4
5
6
7
8
13
14
12
27
17,18

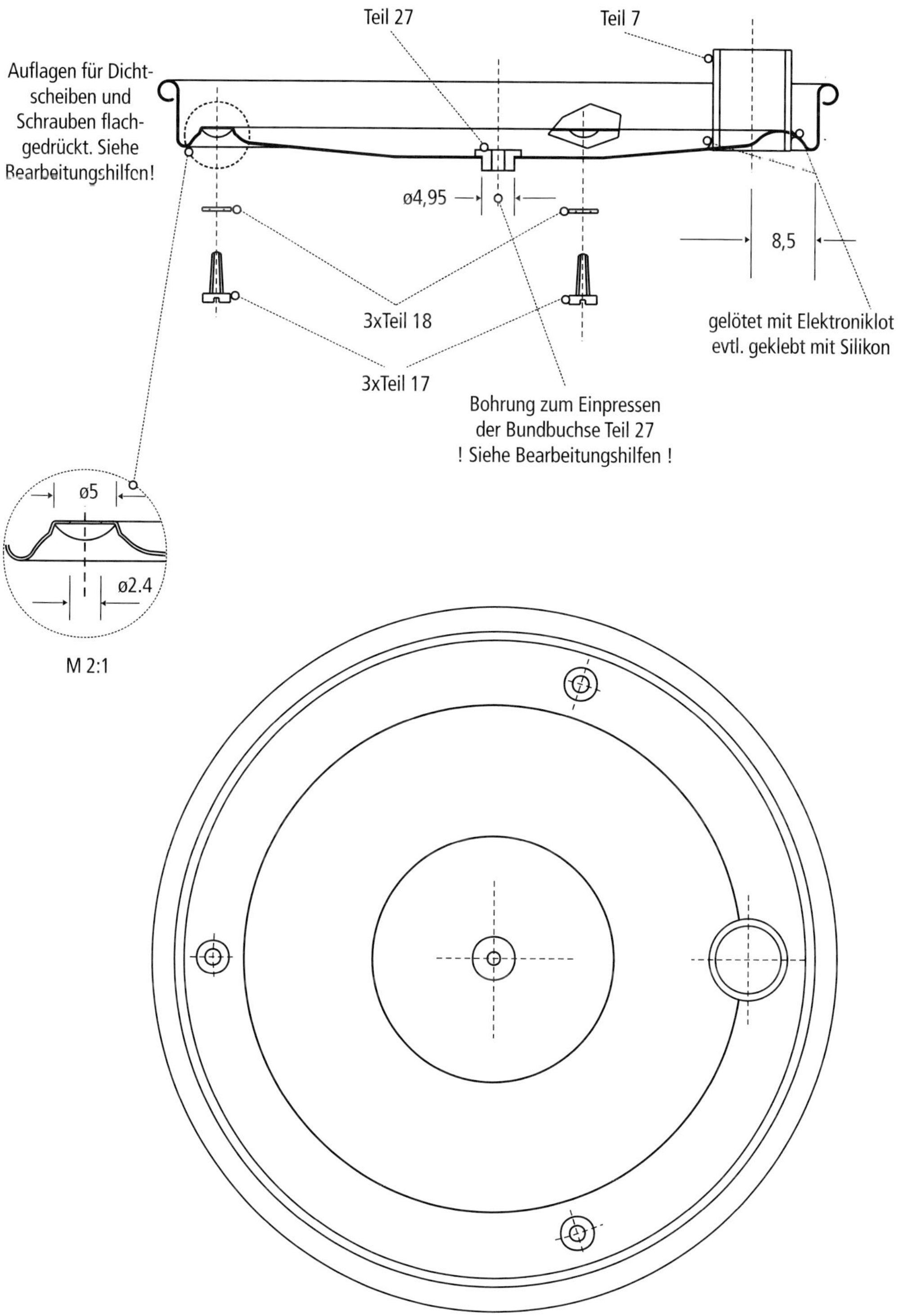

Deckel der Dauerkonservendose, bearbeitet **Teil 1** **M 1:1**

Löten mit dem elektrischen Lötkolben

Legen Sie den Dosendeckel mit der Oberseite nach unten auf eine Holzunterlage. Das Verbindungsrohr so weit einschieben, dass es am höchsten Punkt der Bohrung noch 0,5 mm über das Blech des Deckels ragt und genau im rechten Winkel zum Deckelrand steht. Den Deckel und das Verbindungsrohr mit Holzbrettchen so unterlegen, dass während des Lötvorgangs das Verbindungsrohr nicht verrutschen kann.
Der elektrische Lötkolben muss mindestens eine Leistung von 30 Watt haben, besser sind 50 Watt Leistung. Denn ein zu kleiner und nicht genügend heißer Lötkolben kann das Kupferrohr nicht auf die erforderliche Temperatur von über 250°C aufheizen. Der Schmelzpunkt von Lötzinn liegt bei etwa 190°C.
Die Lötspitze muss flachstumpf, mindestens 4 mm breit und an der Spitze allseitig etwa 5 mm hoch mit Lötzinn benetzt sein. Vor Arbeitsbeginn ist der Lötkolben reichlich vorzuheizen (5 bis 7 Minuten). Um zu prüfen, ob die Arbeitstemperatur erreicht ist, wird eine kleine Menge Lötzinn (Elektroniklot 1 mm, ca. 5 mm lang) der Lötkolbenspitze zugeführt; bei einem gut heißen Lötkolben muss das Lot augenblicklich an der Lötkolbenspitze schmelzen und die Flussmittelseele, die im Lot enthalten ist, mit einer kleinen Rauchwolke verdampfen.

Zum Löten halten Sie die mit Lötzinn benetzte Lötspitze nun möglichst großflächig an das Kupferrohr. Zwischen Lötkolbenspitze und Kupferrohr wird etwas Lötzinn zugeführt und geschmolzen. Das flüssige Lötzinn verbessert die Wärmeübertragung vom Lötkolben auf das Kupferrohr. Den Lötkolben einige Zeit ruhig in dieser Stellung halten.
Das Kupferrohr hat die für die Lötung richtige Temperatur erreicht, wenn das Lötzinn etwa 5 bis 6 mm von der Lötkolbenspitze entfernt am Kupfer neben dem Blech vom Dosendeckel schmilzt. Durch Kapillarwirkung wird das flüssige Lötzinn in den Spalt gesogen. Halten Sie die Lötspitze auch an die gegenüberliegende Seite des Kupferrohres und lassen Sie noch etwas Lot in den Spalt fließen. Wenn nötig, diesen Vorgang an einer anderen Stelle vom Rohrumfang wiederholen.
Zum Abschluss kann es angebracht sein, das Lot mit der lötzinnbenetzten Lötspitze rund um das Rohr im Lötspalt zu verteilen. Nach dem Entfernen der Lötspitze muss die Lötstelle ohne Erschütterung von Deckel oder Rohr auskühlen.
Bei einer gelungenen Lötverbindung ist das Lötzinn durch den Spalt gedrungen, so dass auf der Gegenseite am Rohrumfang eine kleine Hohlkehle zwischen Rohr und Deckel entstanden ist.

Löten mit einem Gaslötbrenner

Für weniger als 5 € bekommen Sie einen Gaslötbrenner, der mit einem handelsüblichen Einweggasfeuerzeug betrieben wird (z.B. Conrad Katalog).
Während Sie beim Löten mit einem elektrischen Lötkolben darauf achten müssen, dass Sie genügend Wärme an die Lötstelle, d.h. an das Kupferrohr, bringen, besteht beim Löten mit dem Gaslötbrenner die Gefahr, dass die Lötstelle überhitzt wird und das Lot „verbrennt". Bei einer guten Lötstelle bildet das Lot eine Hohlkehle zwischen den verlöteten Teilen. Die Lotoberfläche der Lötstelle muss glatt und glänzend sein.
Bei einer zu kalten Lötstelle ist das Lot ungenügend geschmolzen und die Oberfläche ist grob hügelig, nicht verlaufen. Eine überhitzte, noch heiße Lötstelle erkennen Sie an der fast kristallinen Struktur des flüssigen Lotes und daran, dass das Lot nicht mehr richtig fließt.

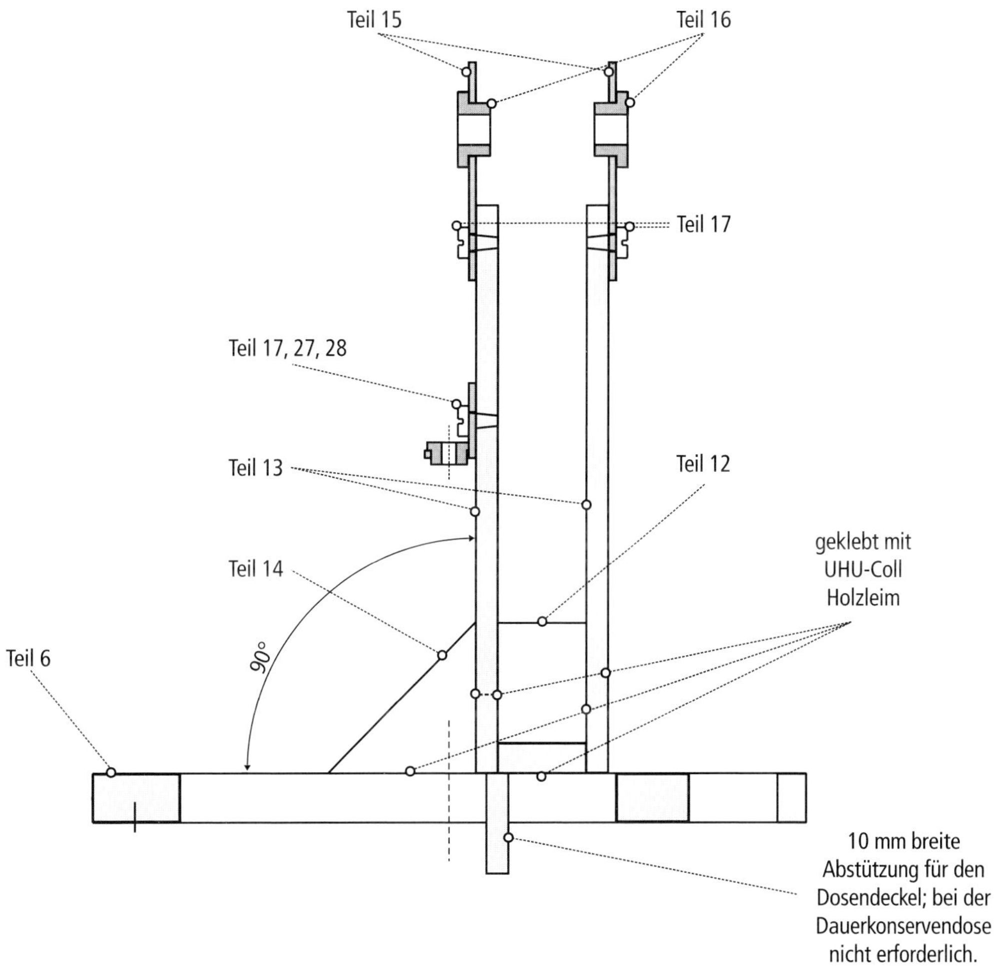

Aufbauring mit Lagerbock komplett aus den Teilen 6, 12, 13, 14, 15, 16, 17, 27, 28 **M 1:1**

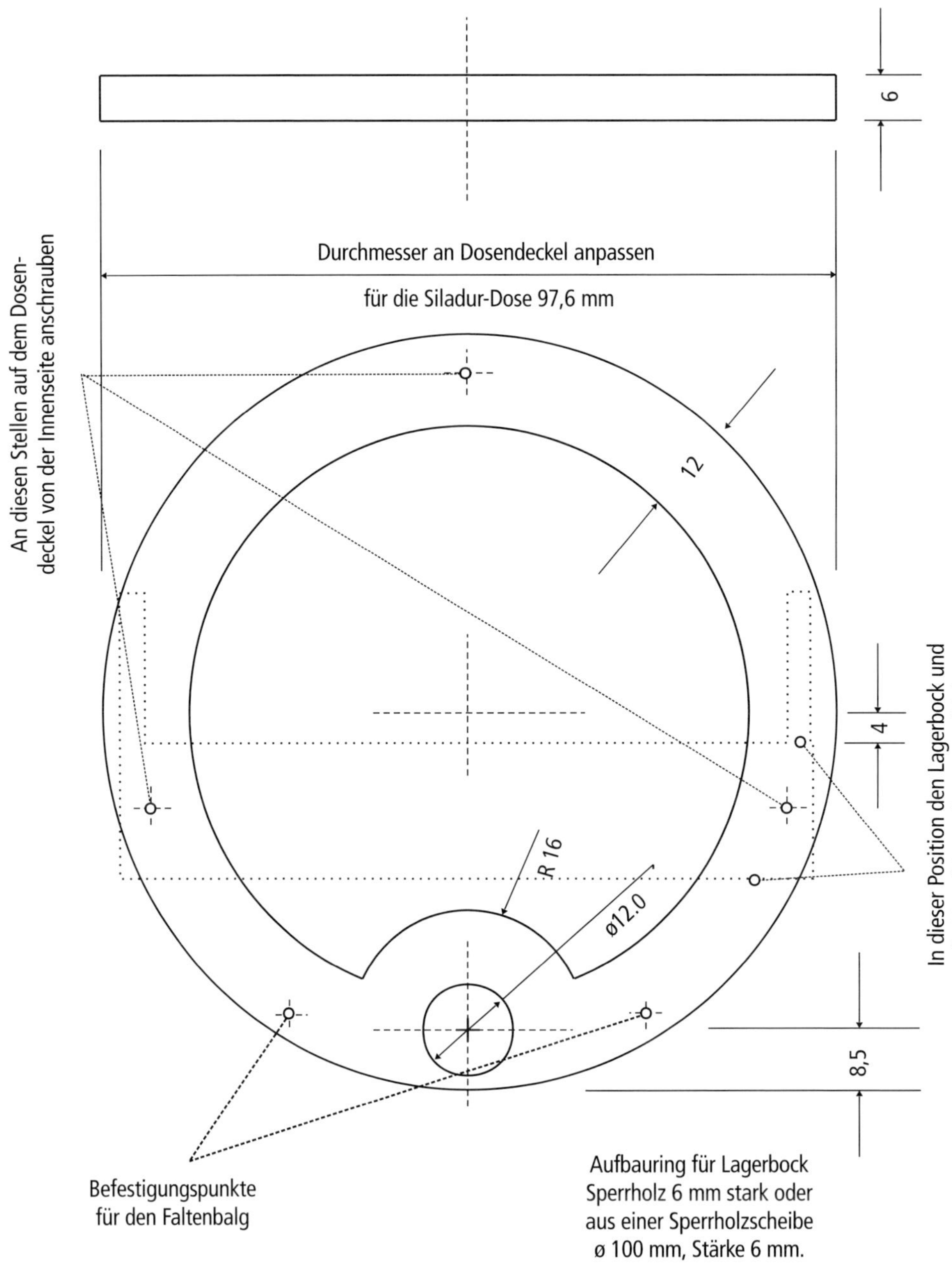

Teil 6: Aufbauring für Lagerbock

M 1:1

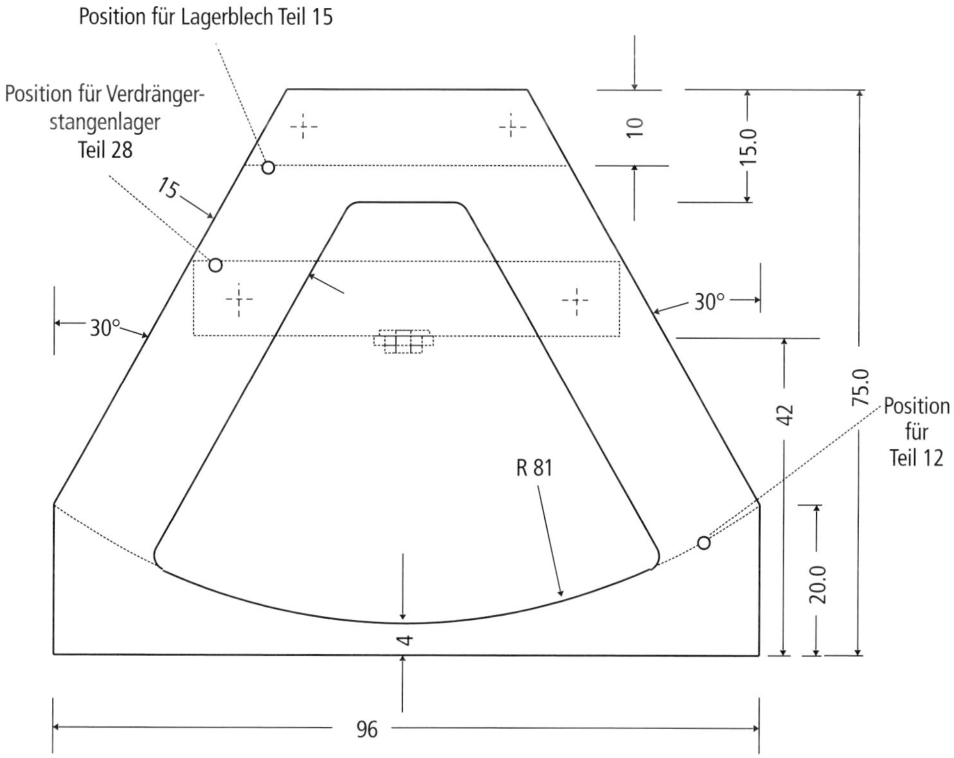

Teil 13 (2x): Seitenteil für Lagerbock, Modellbausperrholz 3 mm M 1:1

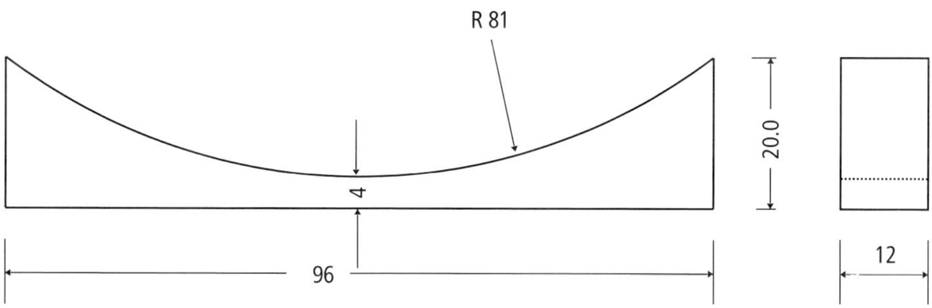

Teil 12: Mittelteil für Lagerbock, Hartholzleist 12 mm x 20 mm M 1:1

Diese Lötstelle können Sie retten, indem Sie etwas neues Lot auf die leicht abgekühlte Lötstelle geben.
Bei einer total überhitzten Lötstelle bildet sich auf den Oberflächen eine Oxydschicht und das geschmolzene Lot wird zur Schlakke. Diese Lötstelle können Sie nur noch reparieren, indem Sie die Teile abfeilen und wieder metallisch blank schmirgeln. *Überhitzte Lötstellen müssen Sie auf jeden Fall vermeiden!* Sie sind eine große gesundheitliche Gefahr, weil der Bleianteil (etwa 40%) aus dem Lot verdampft und Sie die Bleidämpfe einatmen.
Beim Löten mit einem Gaslötbrenner gilt es also die Wärme vorsichtig zu dosieren! Eine anfänglich zu kalte Lötstelle können Sie durch erneutes Anwärmen korrigieren.

Zum Verlöten mit einem Gaslötbrenner werden die vorbereiteten Teile auf einen Schamottestein, auf die trockene, glatte Unterseite einer unglasierten Tonschale oder auf einen trockenen Ziegelstein gelegt und entsprechend abgestützt.

Setzen Sie die Schutzbrille auf! Wenn Sie unbeabsichtigt mit der Gasflamme auf die Unterlage brennen, können durch verdampfende Feuchtigkeit Splitter vom Ton abgesprengt werden, die Ihre Augen gefährden.

Erwärmen Sie das Kupferrohr (Teil 7) mit einer ca. 2 cm langen Gasflamme. Richten Sie dabei die Flamme in das Rohr. Gleichzeitig berühren Sie mit der Spitze vom Lötzinn außen im Bereich der Lötstelle das Kupferrohr. Ist die Löttemperatur erreicht, schmilzt das Lötzinn.
Nun mit der Flamme etwas von Kupferrohr weggehen und die Wärmezufuhr so dosieren, dass das Lötzinn gleichmäßig fließt. Auch an einigen anderen Stellen im Bereich der Lötstelle etwas Lötzinn abschmelzen lassen und das Kupferrohr mit der Gasflamme vorsichtig erwärmen, bis das Lötzinn überall gleichmäßig verlaufen ist. Während des Abkühlens die verlöteten Teile nicht bewegen!

Auflöten der Stellringe auf die Kurbeln

Das Auflöten der Stellringe auf die Kurbeln (Teil 20 und 21 in der Zeichnung auf Seite 33), erfolgt in ähnlicher Weise. Hier ist das Messingblech blank zu schmirgeln und eine Seite der Stellringe anzuschleifen. Die gereinigten Flächen dürfen dann nicht mehr mit den bloßen Fingern berührt werden.
Ein ca. 8 mm langes Stück der 4 mm-Silberstahlwelle (Pos. 35) absägen, aber *nicht blank* machen und *nicht reinigen.* Dieses Stück 4 mm-Welle dient als Zentrierhilfe und wird in die 4 mm-Bohrung des Messingblechteiles gestellt; nun wird der Stellring in der richtigen Position darüber gelegt.
Zum Löten mit dem elektrischen Lötkolben kann Holz als Unterlage dienen. Für den Gasbrenner ist eine feuerfeste Steinunterlage erforderlich. Stellring und Messingblech gemeinsam erwärmen und das Lötzinn am Lötspalt zuführen und schmelzen lassen. Kein Lötzinn in das Gewinde für die Madenschraube bringen.
Zum Abkühlen den Stellring leicht an das Messingblech andrücken, aber nicht bewegen. Sollte die nicht gereinigte Silberstahlwelle mit angelötet sein, wird das Wellenstück auf dem 4 mm weit geöffneten Schraubstock aus dem Stellring geklopft.

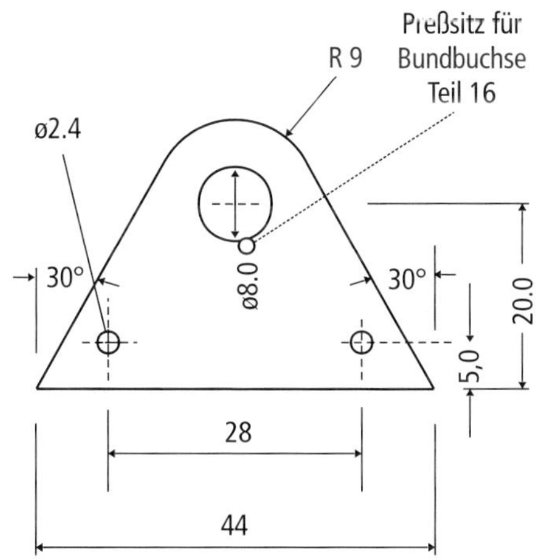

2x Teil 15: Lagerblech, MS, 1,0 mm M 1:1

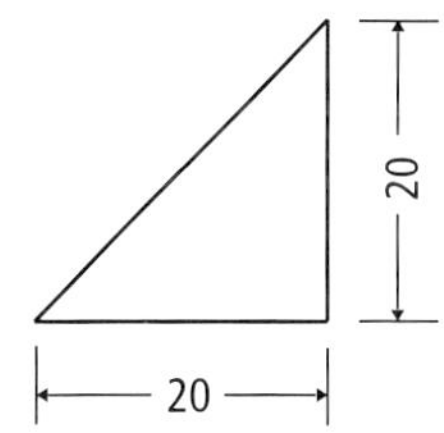

2 x Teil 14: Verstärkungsknoten M 1:1
Modellbausperrholz 3 mm

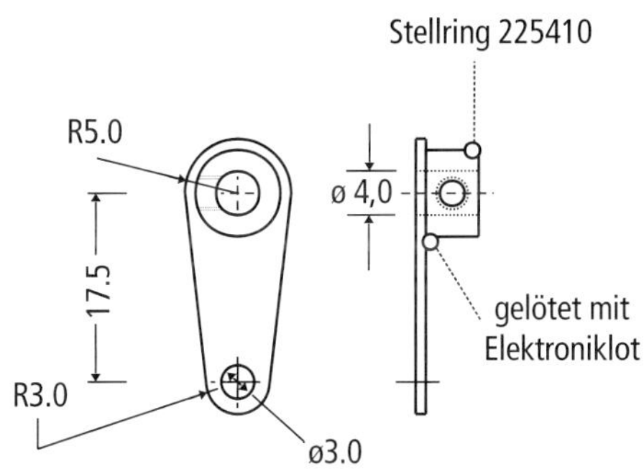

Teil 21: Kurbel für Verdränger, M 1:1
MS Blech 1 mm

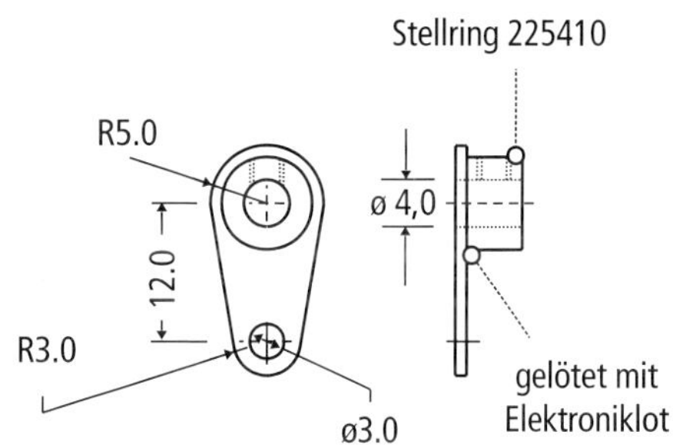

Teil 20: Kurbel für Faltenbalg, M 1:1
MS Blech 1 mm

Löt- bzw. Klebearbeiten am Heizuntersatz

Für die Lötarbeiten am Heizuntersatz (Zeichnung Seite 41) ist der Lötbrenner weniger geeignet. Das dünne Dosenblech würde durch die Flamme sofort überhitzt, so dass sich eine Oxydhaut bildet. Löten Sie den oberen Rand besser mit einem elektrischen Lötkolben.
Ein Hinweis: Konservendosen sind innen und außen meist mit einem sehr widerstandfähigen Schutzlack überzogen. Der Lacküberzug muss sorgfältig entfernt werden, erst dann ist eine Verlötung des Dosenbleches möglich. Anstatt zu löten, können Sie den Rand am Heizuntersatz auch kleben. Zur Verlängerung des 6 mm breiten oberen Dosenrandes mit einem Blechstreifen, den Sie mit der Zange als Klammer um die Enden biegen, verwenden Sie Zweikomponenten-Kleber. Vor dem Verkleben den so entstandenen Ring und den nach außen gebogenen oberen Rand der Dose mit Spiritus reinigen (die Beschreibung, wie Sie den Rand der Dose umbiegen, finden Sie weiter unten). Nun den 6 mm breiten Ring mit Zweikomponenten-Kleber oder Silikon auf den Heizuntersatz aufkleben.
Silikon ist hitzebeständiger als Zweikomponenten-Kleber und bleibt elastisch. Es ist aber schlechter zu verarbeiten und nur in großen Kartuschen zu bekommen.

Verlöten oder verkleben Sie den Ring nur an der Unterseite (siehe Detailzeichnung im Maßstab 2:1 auf Seite 41), damit das Konservendosenmodell ohne zu klemmen oder zu kippeln auf den Heizuntersatz gestellt werden kann.

Anfertigen der Holzteile

Das Anfertigen der Holzteile (Teile 6, 8, 9, 11, 13, 14 und 19) aus 3 mm Modellbausperrholz und aus 6 mm normalem Sperrholz dürfte keine sehr großen Schwierigkeiten bereiten.
Sie können die Konturen der Teile vor dem Aussägen mit dem Kopie-Bügeleisen-Trick, wie auf Seite 48 für den Faltenbalg beschrieben, auf das Sperrholz übertragen. Nach dem Aufbügeln sind die Konturen der Teile seitenverkehrt auf dem Sperrholz. Das ist für unsere Teile ohne Bedeutung, weil alle Teile spiegelsymmetrisch sind.
Verwenden Sie beim Arbeiten mit der Laubsäge ein Laubsägebrett mit einer Schraubzwinge zum Anschrauben an die Tischkante. Die kleinen Teile können Sie auf dem Laubsägebrett besser halten und führen, sie lassen sich auch gerader sägen. Feinzahnige Sägeblätter ergeben einen recht sauberen Schnitt, so dass Sie nur wenig nachzuschleifen brauchen.

Der Aufbauring (Teil 6) für den Lagerbock muss nach dem Aussägen außen auf das Maß des Deckeldurchmessers gedrechselt werden (Beschreibung Seite 58); erst danach kann die Innenkontur ausgesägt werden.

Das Mittelstück für den Lagerbock (Teil 12): Sollten Sie keine Hartholzleiste 12 x 20 mm bekommen, können Sie auch 2 Lagen 6 mm-Sperrholz aufeinanderleimen. Die 12 mm breite Unterseite muss gerade und im rechten Winkel zu den Seitenflächen sein, an welche die Seitenteile (zweimal Teil 13) angeleimt werden.

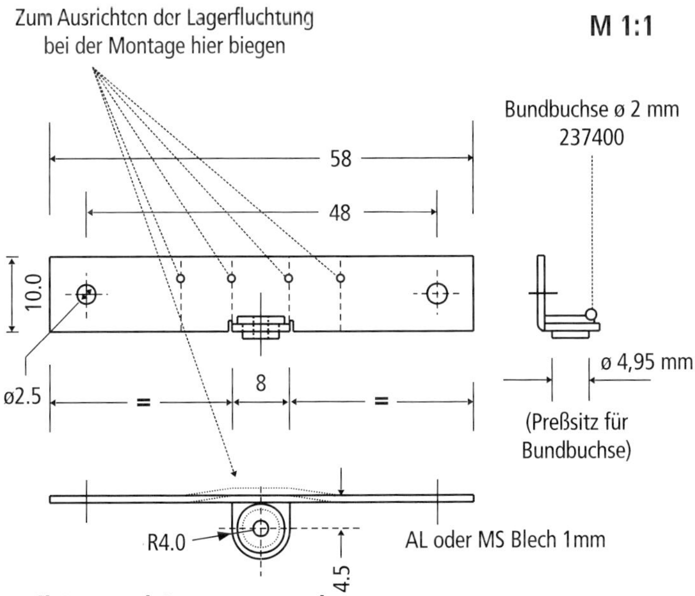

Teil 28: Verdrängerstangenlager

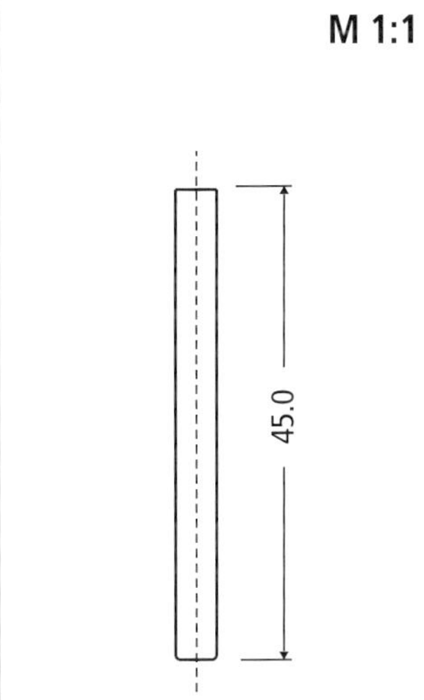

Teil 35: Welle
Silberstahl ø 4 mm

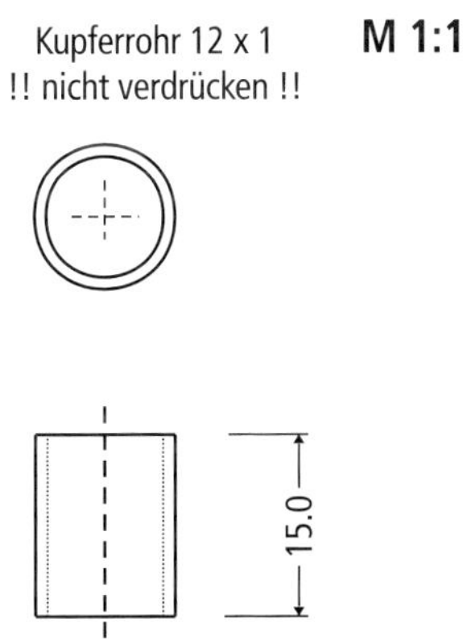

Teil 7: Verbindungsrohr

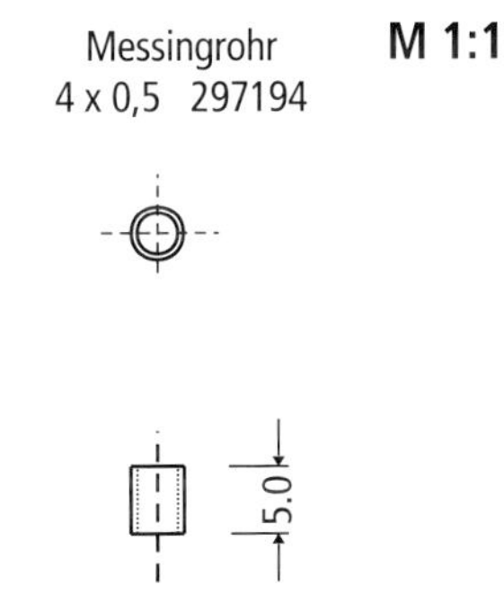

Teil 23 (3 x): Hülse

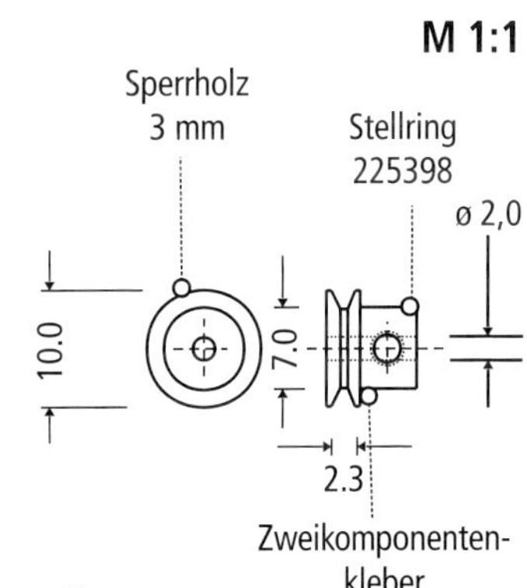

Teil 38:
Riemenscheibe ø 10 mm

Das Schwungrad

Der Schwungradreifen aus Messingflachprofil (2 x 6 mm) oder aus Schweißdraht (4 mm ϕ) soll das Schwungrad aus leichtem Sperrholz außen schwerer machen, damit das Modell gleichmäßiger läuft. Wenn Sie keinen Generator antreiben und Strom erzeugen wollen, können Sie den Reifen weglassen und nur das Sperrholzschwungrad allein verwenden. Für die Funktion ist es egal, ob das Messingflachprofil oder ein Drahtring auf das Schwungrad aufgezogen wird. Der Draht lässt sich einfacher rund biegen als das relativ harte, jedoch optisch besser aussehende Messingprofil.

Tragen Sie auch bei dieser Arbeit Schutzbrille und Schutzhandschuhe!

Zum Biegen eines Drahtringes mit einem Durchmesser von 150 mm wickeln Sie ein 1 m langes Stück Schweißdraht (4 mm ϕ) oder Zaunspanndraht mit einem Helfer in einem Schwung ohne abzusetzen um einen runden Gegenstand mit einem Durchmesser von 120 bis 130 mm (Topf oder Blumen-Übertopf).
Wickeln Sie das ganze 1 m lange Drahtstück zu einer Spirale mit etwa 3 Windungen. Der Draht federt meist wieder etwas zurück, so dass der Durchmesser der Spirale etwas größer wird. Eventuell müssen Sie die Windungen noch etwas aufbiegen, um dann eine Windung um das Schwungrad legen zu können und anschließend auf Länge abzusägen. Verwenden Sie das Mittelstück der Spirale, da die Drahtenden nicht sauber rund gebogen sind. Der Drahtreifen kann nun mit Zweikomponenten-Kleber in die gedrechselte Rille des Schwungrades eingeklebt werden.

Die Bohrungen im Schwungrad (42 mm ϕ) können mit einem Lochsäge-Einsatz für die Bohrmaschine ausgeschnitten werden. Dabei sollte die Bohrmaschine im Bohrständer eingespannt sein. Der Durchmesser kann natürlich auch 1 bis 2 mm größer oder kleiner sein. Schneiden Sie mit der Lochsäge bei ca. 200 Umdrehungen/Min. erst von der einen Seite etwa 3 mm tief und anschließend von der Gegenseite das Loch aus, um ein Ausfransen auf der Unterseite zu vermeiden.

Die Bohrung für das Gegengewicht (Mutter M8) im Schwungrad und die Bohrungen (18 mm ϕ) in der Riemenscheibe (Teil 33) lassen sich einfach mit einem Schälbohrer herstellen. Auch hier jeweils von der Vorder- und Rückseite bohren!

Die Naben sind auf 13,5 mm (Teil 30) bzw. auf 9 mm (Teil 34) mit der Puk-Säge zu kürzen und gerade zu feilen; sie können auch auf ein Stück Welle (4 mm ϕ) mit angefeilter Fläche für die Madenschraube aufgeschraubt und dann in der Bohrmaschinen-Drechselbank stirnseitig überdreht werden. Mit einer scharf angeschliffenen Feilenspitze (Bild 17 Seite 59) können Sie auch Messing bearbeiten. Dieser Arbeitsvorgang wird auf Seite 58 beschrieben.

Beachten Sie dabei unbedingt die Sicherheitshinweise auf Seite 57 und tragen Sie die Schutzbrille und Schutzhandschuhe! Messing spritzt beim Drehen und erzeugt sehr feine und spitze Späne, die Ihre Augen gefährden oder sich in die Haut bohren können.

Der Bund der Messingnaben muss im Schwungrad und in der Riemenscheibe jeweils 1,5 mm in das Sperrholz eingelassen werden. Fertigen Sie diese Vertiefung an, wenn das Schwungrad bzw. die Riemenscheibe zum Drechseln des Außendurchmessers mit der Rille und der Bohrung auf unserer Bohrmaschinen-Drechselbank (siehe ab Seite 55 und Bild 22) aufgespannt ist. Beim Einkle-

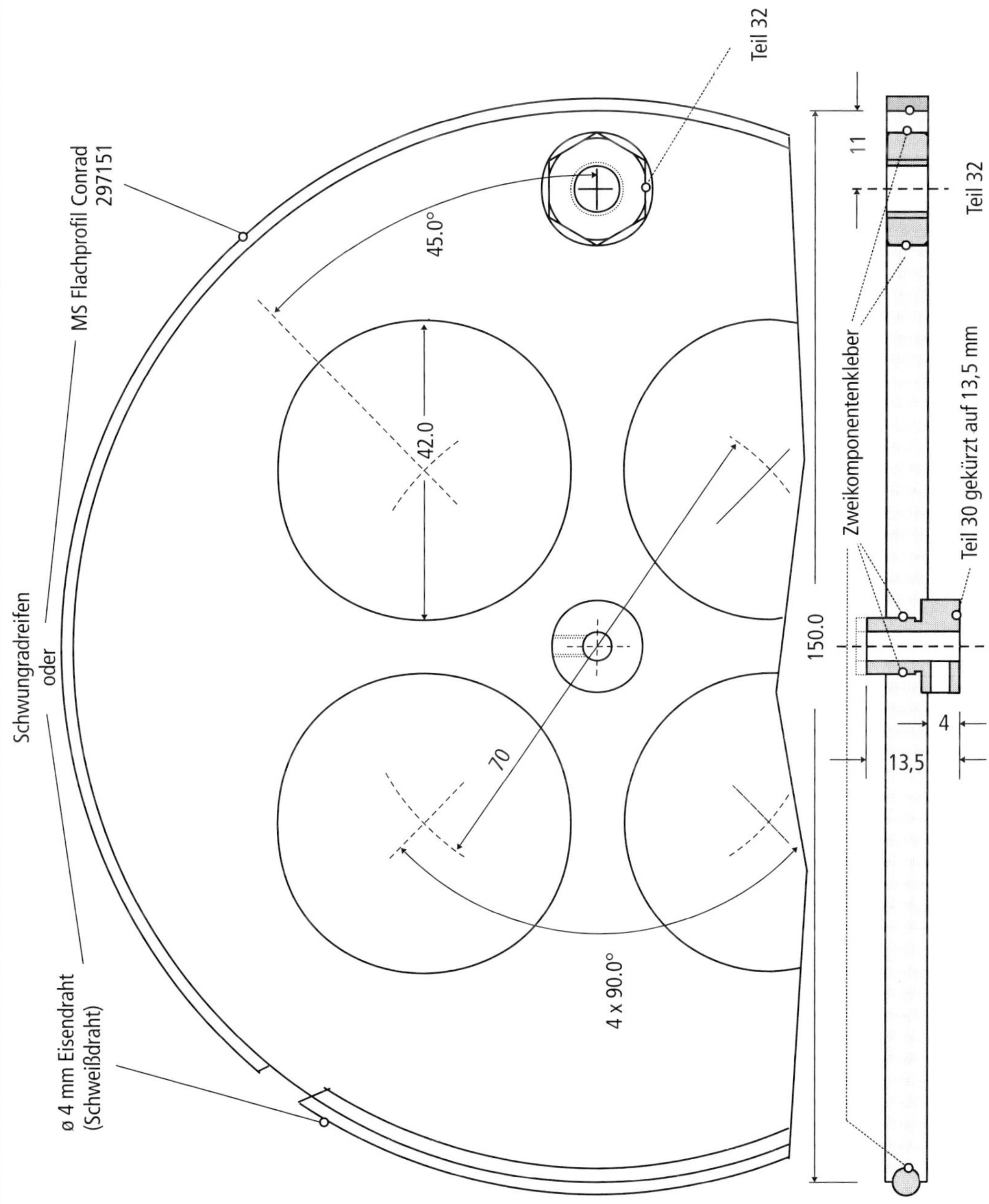

Teil 29: Schwungrad komplett
Sperrholz 6 mm stark oder aus einer Sperrholzscheibe ø 150 mm, Stärke 6 mm. **M 1:1**

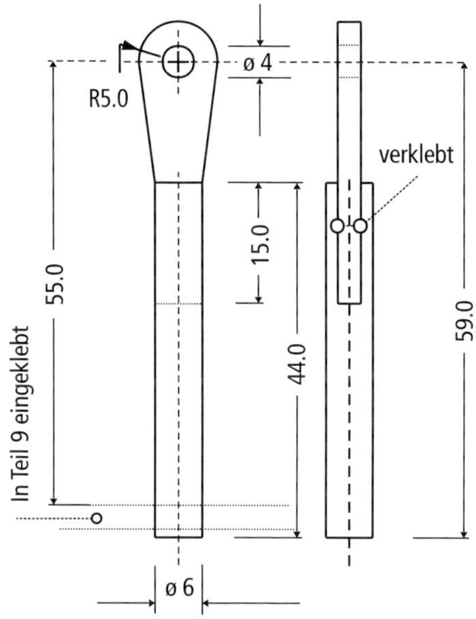

Teil 11: Pleuel für Faltenbalg M 1:1
Dübelholz ø 6mm und
Modellbausperrholz 3 mm

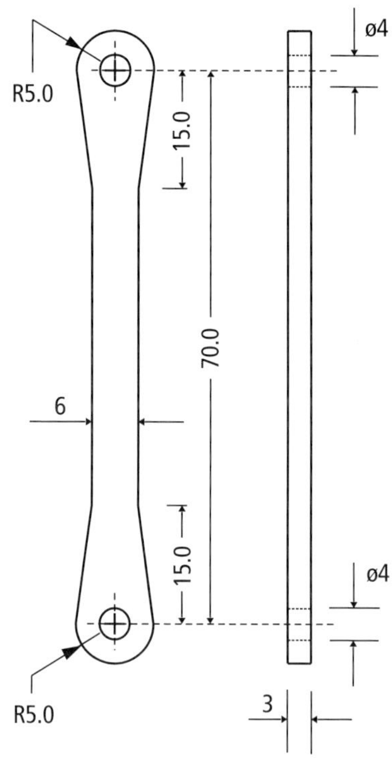

Teil 19: Pleuel für Verdränger, M 1:1
Modellbausperrholz 3 mm

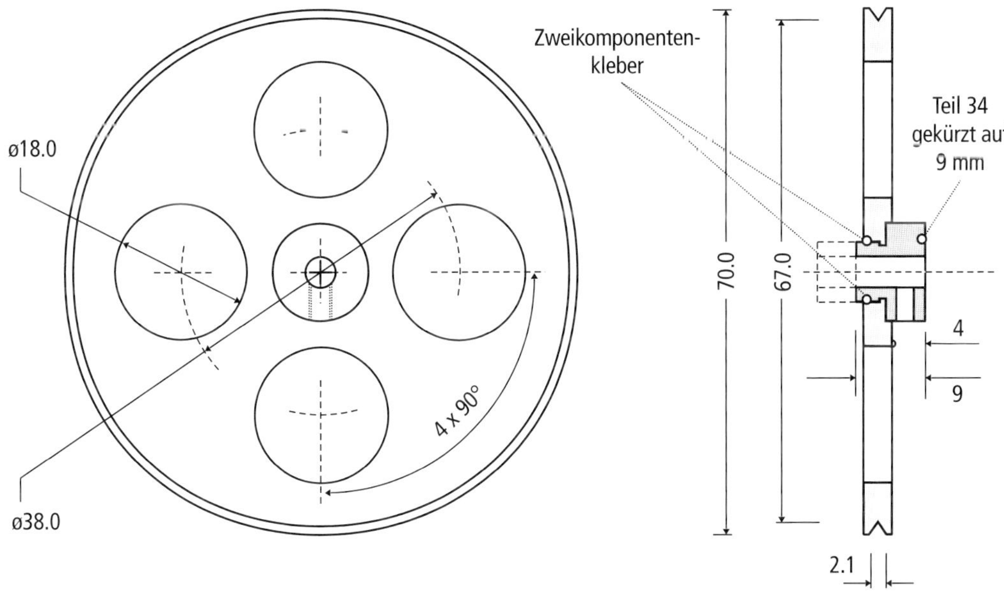

Teil 33: Riemenscheibe komplett, ø 70 mm Sperrholz 4 mm **M 1:1**

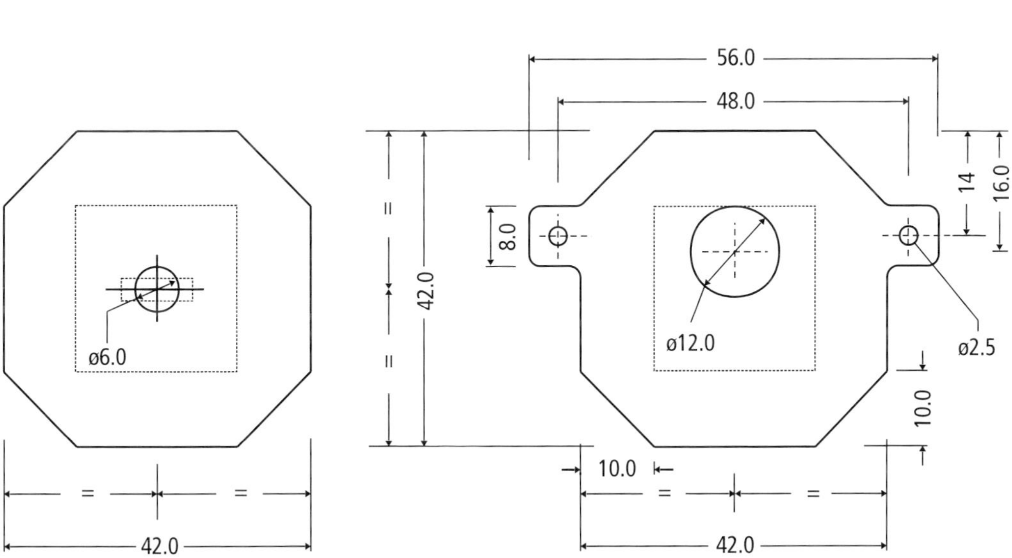

Die 12-mm-Bohrung muß genau gearbeitet werden, so daß das Verbindungsrohr Teil 7 fest und luftdicht aufgesteckt werden kann!

Teil 9: Oberteil für Faltenbalg, Modellbausperrholz 3mm

Teil 8: Unterteil für Faltenbalg, Modellbausperrholz 3mm **M 1:1**

ben mit Zweikomponenten-Kleber darf kein Kleber in die Gewinde für die Madenschrauben gelangen.

Haltewinkel für den „Generator" (Teil 39): Sie können diesen Winkel aus 1 mm Messing- oder 1 mm Alublech anfertigen. Alublech lässt sich leichter biegen. Wenn Sie das 1 mm starke Blech allerdings mit einer Handblechschere zuschneiden, werden die Kanten verdrückt und der Blechstreifen ist nicht mehr gerade. Alu- und auch Messingblech lassen sich gut mit der Laubsäge und feinen Metallsägeblättern bearbeiten. Verwenden Sie Zahnung 1; diese Sägeblätter haben eine Zahnteilung von 19 Zähnen/cm.

Der Blechzuschnitt für den Haltewinkel hat die Abmessungen von 30 x 86 mm. Zum Biegen den Streifen bei 30 mm mit der Reißnadel anreißen. Bis zu diesem Anriss das Blech in den Schraubstock einspannen. Ein Stück Holz (eventuell den Auflagewinkel wie Bild 14 Mitte verwenden) hinter dem Blech auf den Schraubstock auflegen und mit kräftigem Druck Holz und Blech nach vorn und auf den Schraubstock kippen. Wenn der Biegeradius zu groß ist, kann man noch etwas mit dem Hammer nachklopfen. Dazu unbedingt das Holz auf die Biegestelle legen, also nicht ohne Holzzwischenlage mit dem Hammer auf das Blech klopfen. Die einzelnen Hammerschläge wären sonst zu sehen und verunstalten das Teil.
Für die 2. Biegung die bereits gebogene Seite 12 mm hoch anreißen und wieder bis zum Anriss in den Schraubstock einspannen. Mit einer 12 mm dicken und etwa 32 mm breiten Holzleiste, die unter die erste Biegung passt, wie oben beschrieben biegen. Sollte Ihr Schraubstock nicht die erforderliche Höhe besitzen, um das etwa 45 mm lange Blech zu spannen, öffnen Sie den Schraubstock ungefähr 35 mm weit und spannen den bereits gebogenen Schenkel mit der 32 mm breiten Holzleiste ein. Biegen Sie dann wie beschrieben den 2. Winkel. Anschließend die Ecken, die Schräge und die Bohrungen nach Zeichnung bearbeiten.
Sollten Ihnen diese Blecharbeiten Schwierigkeiten bereiten, können Sie den Generator auch mit einer Eigenkonstruktion aus 3 mm Modellbausperrholz befestigen.

Anfertigung des Brenners

Das Gehäuse des Brenners für Lampenöl, Petroleum oder Pflanzenöl (Teil 41) wird aus einer Konservendose (75 mm ϕ) gefertigt, die auf einer Höhe von 33 mm abgeschnitten wird. Damit man sich nicht verletzen kann, ist oben ein 3 mm breiter Rand nach außen umzubiegen. Eine gewellte Dose ist am besten geeignet. *Bei diesen Arbeiten Schutzhandschuhe tragen!*

Achtung: Dieser Brenner ist nicht für Brennspiritus geeignet. Der Heizuntersatz wird warm; Brennspiritus würde unkontrolliert mit großer Flamme brennen, das Modell zerstören und eine Gefahr bedeuten.

Zum Umbiegen des Randes wird der oberste Wellring mit vielen leichten Hammerschlägen (kleinen 50 g-Hammer verwenden) unter ständigem Weiterdrehen der Dose über die Schraubstockkante nach außen geklopft. Dabei darf der Rand bei jeder Dosenumdrehung nur um einen kleinen Winkel (ca. 15 bis 20°) nach außen geklopft werden. Würden Sie versuchen, den Rand auf einmal umzubiegen, entstehen unweigerlich Falten und Knicke und die Dose wäre nicht mehr rund. Nun wird die Dose auf eine feste Unterlage gestellt und der Rand mit leichten Hammerschlägen von oben weiter umgelegt. Zum weiteren Anlegen des Randes bis an die Dosenwand spannen Sie den Durchschlag quer

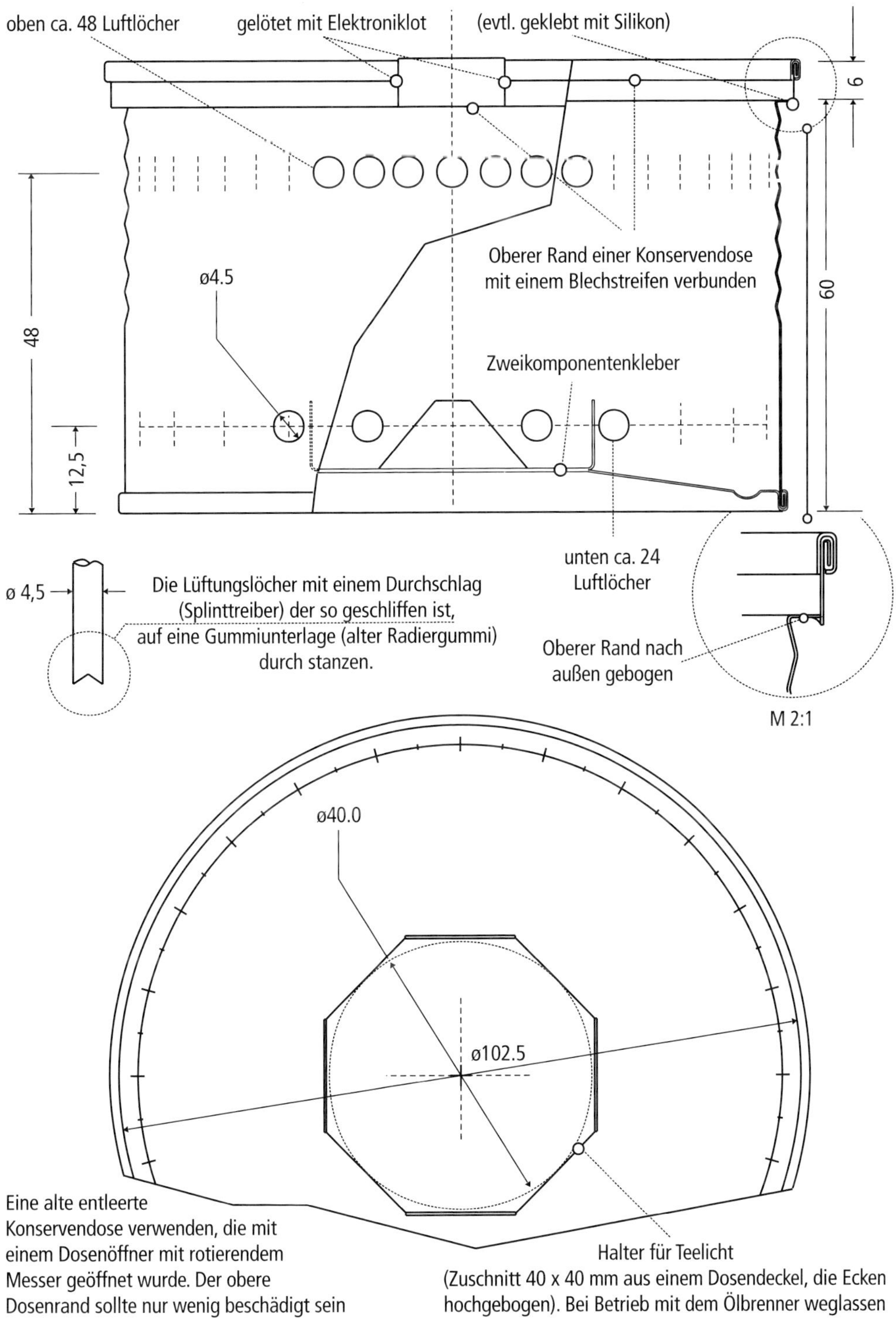

Teil 36: Heizuntersatz für 1 Teelicht **M 1:1**

in den Schraubstock, so dass die Durchschlagoberseite seitlich etwa 5 mm aus den Backen ragt. Den Dosenrand dort auflegen und mit vielen leichten Hammerschlägen den Rand ganz an die Dosenwand anklopfen. Diesen Arbeitsgang nennt man bördeln.
Der Deckel für den Brenner ist aus dem Deckel einer Konservendose (100 mm ϕ) zugeschnitten. Dieser Deckel wird mit drei gebogenen Laschen über den umgebördelten Rand der Brennerdose gehängt.
Für den Betrieb mit Lampenöl oder Petroleum brauchen wir einen dünnen Docht. Baumwollstrickgarn ohne Kunstfaserzusatz ist gut geeignet. *Ein einfacher Fasertest:* Baumwolle verbrennt ohne Rauch, hinterlässt fast keine Asche und riecht nach dem Verbrennen nach verbranntem Papier. Machen Sie diese Brennprobe zum Vergleich auch mit Verbandswatte, die aus reiner Baumwolle besteht.
Der Docht für Lampenöl und Petroleum soll eine Stärke von 1,8 bis 2 mm haben. Zum Messen der Fadenstärke den Messschieber auf 2 mm öffnen und den Faden nur lose zwischen die Messflächen halten, nicht zuschieben. Das Loch im Brennerdeckel soll einen Durchmesser von 1,3 mm haben; es wird auf einer Holzunterlage mit einem Stahlnagel von der Unterseite her durchgeschlagen. Der dabei entstehende nach oben gezahnte Rand verhindert, dass der Docht zurückrutschen kann.
Wollen Sie das Modell mit Pflanzenöl (Raps- oder Salatöl) betreiben, muss ein dickerer Docht vorgesehen werden, die Bohrung sollte 2,5 mm Durchmesser haben. Diesen Docht kann man aus Verbandswatte drehen, wobei der lockere Durchmesser 4 bis 5 mm betragen sollte. Dieser Wattestrang, in die 2,5 mm-Bohrung eingezogen, wird ebenfalls vom gezahnten Rand der Bohrung in Position gehalten.
Die erforderliche Flammengröße und damit die Heizleistung für das Modell stellen Sie durch mehr oder weniger weites Nach-oben-Ziehen des Dochtes ein. Pflanzenöl steigt nur sehr langsam im Docht nach oben, weil es relativ dickflüssig ist. Vor der ersten Inbetriebnahme geben Sie einen Tropfen Öl von oben auf den Docht.
Das Entzünden der Pflanzenölflamme ist etwas schwierig. Legen Sie beim ersten Anzünden ein erbsengroßes Stück Esbit brennend neben den Docht. Beim zweiten Mal geht es mit einem Feuerzeug.

Der Heizuntersatz für ein Teelicht

Der Heizuntersatz für ein Teelicht (Teil 36) ist ohne den Teelichthalter auch für den Ölbrenner (Teil 41) verwendbar.
Im Interesse der Ressourcenschonung und Müllvermeidung stellen wir auch dieses Teil aus einer ausgedienten Konservendose her, die wir damit ein zweites Mal dem Wirtschaftskreislauf zuführen. Diese Argumentation mag in Anbetracht des kleinen Bauteils überzeichnet erscheinen; tatsächlich vereinfacht das Vorgehen die Anfertigung der Teile für unser Konservendosen-Stirlingmotormodell erheblich. Es ist sogar so, dass alte Konservendosen (bzw. leere Getränkedosen für das „Verblüffende Modell“) den relativ einfachen Nachbau der Modelle erst möglich machen. Müssten wir zuerst eine 2 m^2 große Tafel Weissblech bestellen, um die Teile anfertigen zu können, wäre dieses Projekt nicht durchführbar.
Dieses Beispiel zeigt sehr deutlich, dass Recycling Vorteile bringt und Produkte sogar vereinfachen und verbilligen kann, wenn auf „Wertstoffe“ zurückgegriffen wird, die an einer anderen Stelle als „Abfall“ behandelt werden.

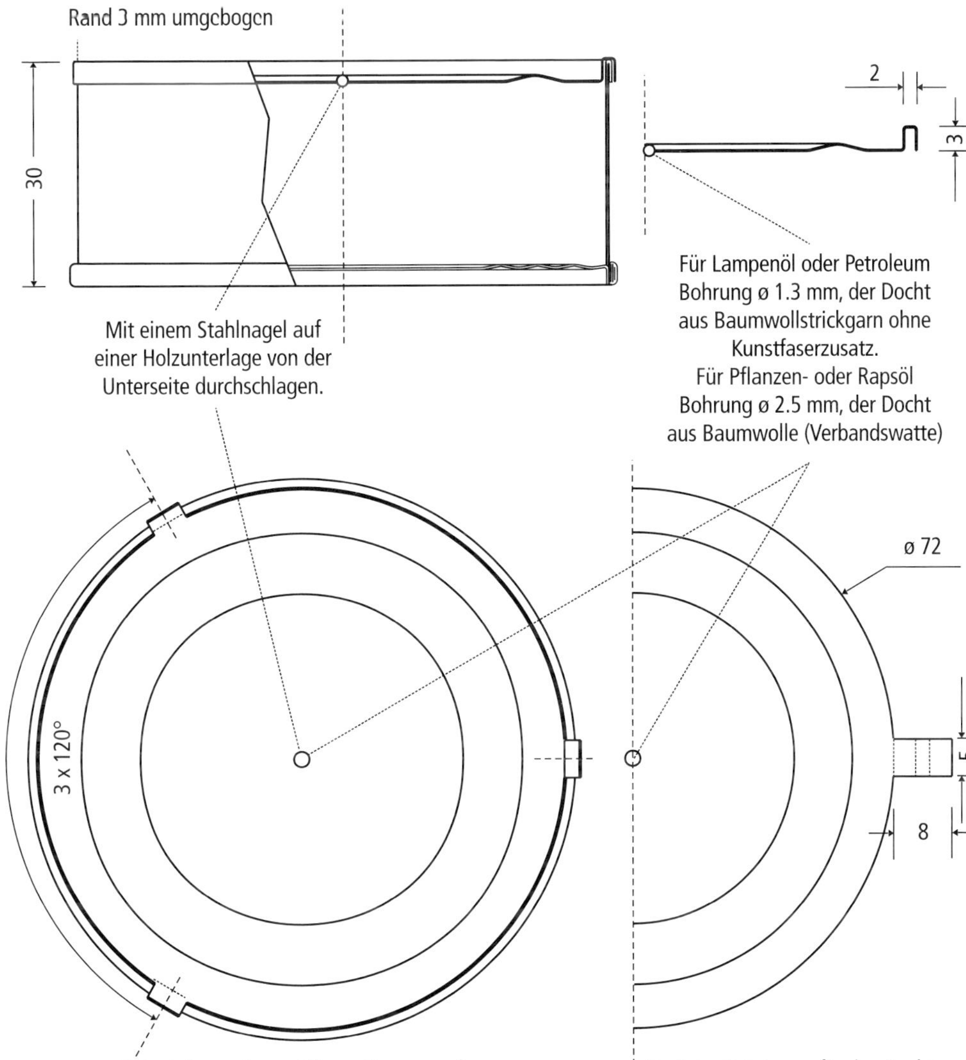

Teil 41: Brenner für Lampen- oder Pflanzenöl **M 1:1**

Verwenden Sie also eine gewellte Dose mit 100 mm Durchmesser. An die Schutzhandschuhe denken Sie ja jetzt schon selbst. Die Dose wird an der Naht senkrecht eingeschnitten und der obere Rand 6 mm breit abgeschnitten. Diesen Streifen, mit einem Stück Dosenblech verlängert, verwenden wir als Abschlussring für den Heizuntersatz. Der Rest der Dose wird nun auf eine Höhe von 63 mm abgeschnitten.
Die Luftlöcher (4,5 mm ϕ) können Sie bohren oder mit dem speziell zugeschliffenen Durchschlag ausstanzen. Zum Bohren ein Holzstützbrett mit der Länge des Doseninnendurchmessers zuschneiden und in die Dose spreizen. Mit dem Körner die Bohrungen ankörnern (*Schutzhandschuhe tragen!*). Nun können die Löcher mit der im Bohrständer eingespannten Bohrmaschine gebohrt werden, wobei das Stützbrett in der Dose jeweils unter dem Bohrer stehen sollte. Um eine Verletzung zu vermeiden, ist der Grat an den Löchern innen und außen mit dem Dreikantschaber oder mit einem 10 mm-Bohrer zu entfernen, den Sie als Entgrater verwenden.
Das Ausstanzen erfordert etwas mehr Vorbereitung, die gestanzten Löcher besitzen außen jedoch keinen Grat und brauchen innen nur etwas mit Schleifpapier abgeschliffen werden. Als Stanzstempel verwenden wir den Durchschlag. Die Schnittfläche des Stanzstempels ist so einzuschleifen, dass zwei Schneiden entstehen (siehe Detailansicht auf Seite 41). Als Stanzmatrize ist eine harte Gummiunterlage geeignet. Zum Stanzen wird das Dosenblech auf den Gummi aufgelegt; ein alter harter Radiergummi erfüllt diesen Zweck, er darf aber keinen Sand enthalten. Der angeschliffene Stanzstempel wird mit der Doppelschneide auf das Blech aufgesetzt und mit einem kräftigen Hammerschlag (300 g-Hammer) auf den Stanzstempel ist das Loch ausgestanzt. Dabei dringt das Blech mit dem Stempel in den Gummi ein. Der dem Stempel nach oben ausweichende Gummi schneidet dabei das Blech an der Schneide rund um den Stempel aus. Der Stanzbutzen, so nennt sich die ausgestanzte Blechscheibe, wird in den Gummi gedrückt, durch das Rückfedern des Gummis aber sofort wieder nach oben befördert. Nach jedem Schlag den Butzen entfernen.
Zur Aufnahme der Radiergummimatrize spannen Sie ein etwa 0,5 m langes und möglichst schweres Stück Flach- oder Rundeisen quer so in den Schraubstock, dass noch ca. 70 mm vom Flacheisen hochkant seitlich aus den Schraubstockbacken herausstehen. Auf dieses Ende wird der Radiergummi mit doppelseitigem Klebeband als Matrize aufgeklebt. Sie können nun die Innenwand der Dose auf den Gummi auflegen und von außen mit dem Durchschlag die Löcher ausstanzen.

Diese Stanz-Methode funktioniert aber nur, wenn die Auflage der Gummimatrize nicht federt und nicht nachgibt! Das Flach- oder Rundeisen muss wirklich schwer sein (ca. 3 kg Flacheisen, 15 x 50 mm, oder Rundeisen, 500 mm lang, 30 mm ϕ). Ihr Schraubstock muss dazu ein schweres, stabiles Exemplar sein, aus dem während der Arbeit das Flach- oder Rundeisen nicht herausrutschen kann und Ihnen den Fuß verletzen könnte. Bitte stanzen Sie die Löcher nur, wenn Sie die erforderlichen Werkzeuge besitzen.

Die obere Lochreihe muss die doppelte Anzahl Luftlöcher haben, weil der heiße Abgasstrom ein größeres Volumen besitzt als die kalte, unten einströmende Verbrennungsluft. Heißes Gas dehnt sich aus.

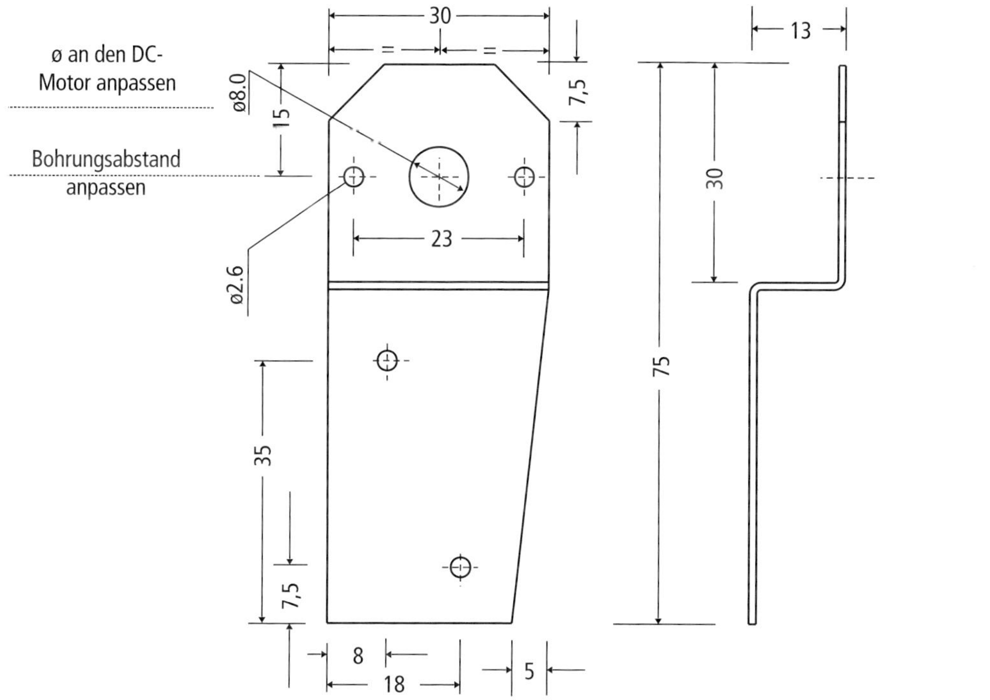

Teil 39: Halteblech 1 mm Alu oder MS Blech **M 1:1**

Als nächste Arbeit gilt es einen 3 mm breiten Bund nach außen zu bördeln (Arbeitsbeschreibung siehe oben). Auf diesen Bund wird das Modell gestellt. Bitte darauf achten, dass eine ebene Fläche entsteht, damit der Stirlingmotor im Betrieb ruhig steht und nicht wackelt.

An diesen Bund wird zum Schluss der 6 mm breite, von der Konservendose oben abgeschnittene Rand - verlängert mit einem Streifen Dosenblech - angelötet oder mit Siliconkleber angeklebt (Arbeitsanleitung Löten: siehe Seite 28 und 34).

Um zu verhindern, dass während des Betriebes das Teelicht im Heizuntersatz zur Seite rutscht, ist es sinnvoll, in der Mitte des Heizuntersatzes einen Halter mit Zweikomponenten- oder Siliconkleber einzukleben. Dafür wird ein Stück Dosenblech, eventuell ein Dosendeckel, quadratisch auf 40 x 40 mm zugeschnitten und die Ecken hochgebogen. Für den Betrieb mit dem Ölbrenner ist dieser Halter nicht erforderlich, weil sich der Boden des Ölbrenners auf den in den Konservendosenboden eingeprägten Ringen selbst zentriert.

Vertrauen in die eigenen Fertigkeiten gewinnen

Beim ersten Durchblättern und bei der Betrachtung der Zeichnungen sind Ihnen sicher Zweifel an Ihren Möglichkeiten gekommen und Ihr Vertrauen in die eigenen Fähigkeiten war sicher auch nicht groß genug, um sofort mit dem Nachbau zu beginnen. Ich hoffe, dass ich Sie mit meinen Vorschlägen und Anregungen soweit motivieren konnte, dass Sie den Bau dieses Stirlingmotor-Modelles trotzdem in Angriff nehmen.
Sie werden sehen, für jedes Problem gibt es eine passende Lösung. Ist der erste eingeschlagene Lösungsweg, aus welchen Gründen auch immer, nicht gangbar, versuchen Sie eine anderen Weg. Ein Ziel kann auf vielen Wegen angesteuert werden. Um Hindernisse zu umgehen, kann auch ein vermeindlicher Umweg der richtige sein. Ich will Ihnen damit sagen, dass Sie auf jeden Fall beginnen sollten, auch wenn Sie für dieses oder jenes Teil nicht das richtige Material oder Werkzeug besitzen. Eine Lösung wird Ihnen oder Ihren Freunden im Laufe der Arbeiten bestimmt einfallen.
Sollte Ihnen ein Teil misslingen, ist das zwar ärgerlich, aber auch aus Fehlern kann man lernen! Der finanzielle und materielle Schaden durch ein vermurkstes Teil ist bei diesem Projekt nicht so groß, dass Sie es nicht noch einmal versuchen könnten. Und denken Sie daran, Sie können Ihre Fantasie zu Hilfe nehmen und Ihre Arbeit selbst kreativ gestalten. Sie brauchen nicht unbedingt für jede Aufgabe Zeichnungen, Anleitungen und Computerprogramme.
Es wäre schade, wenn Sie entmutigt das begonnene Modell zur Seite legen und resigniert aufgeben würden. Das Erfolgserlebnis, ein selbstgestecktes Ziel erreicht zu haben, belohnt Sie am Ende!

Faltanleitung für den Faltenbalg

Für den Faltenbalg liegt der Bauanleitung ein mit dem Faltmuster bedruckter Bogen aus beschichtetem Spezialpapier bei. Eine Kopiervorlage mit dem Faltmuster ist auch vorhanden. Den Faltenbalg können Sie auch aus braunem Lampenschirmpapier oder aus Elefantenpapier („Elefantenhaut") anfertigen.
Vor Beginn der Arbeiten ist es günstig, das braune Lampenschirmpapier für den Faltenbalg für kurze Zeit in ein klammes Handtuch einzuschlagen (nicht feucht oder nass) und dies eventuell während der Faltarbeiten noch einmal wiederholen. Bei dem der Bauanleitung beiliegenden Spezialpapier ist dies nicht erforderlich.
Damit sich das „Elefantenpapier" leichter in die Form eines Faltenbalges bringen lässt, werden alle Faltkanten mit einem stumpfen Falzholz vorgeprägt. Als Falzholz kann ein bleistiftlanges Stück Dübelholz (6 mm ϕ) dienen, das mit dem Bleistiftspitzer angespitzt und dessen Spitze so zugeschliffen wird, dass sie etwa die Form einer Kugelschreiberspitze hat (Hartholz verwenden). Legen Sie zum Vorprägen den noch nicht beschnittenen Bogen auf einen nicht zu harten Pappkarton, eventuell auf eine Pappe von der Rückseite eines DIN-A4-Blockes. Halten Sie das Falzholz wie einen Bleistift und drücken Sie die strichpunktierten Linien mit der gerundeten Spitze, indem Sie das Falzholz an einem Lineal entlang ziehen, mit leichtem Druck in den darunterliegenden Pappkarton. Nur *einmal* darüberfahren! *Das Spezialpapier darf dabei auf keinen Fall angeritzt oder beschädigt werden!*
Sind auf diese Weise alle strichpunktierten Linien und auch die gestrichelten Zickzacklinien, die die Ecken des Balges ergeben, vorgeprägt, kann der fertiggeprägte Bogen nun an

den Rändern zugeschnitten werden (Fertigmaß 13,6 cm x 14 cm). Das Prägen können Sie eventuell im nicht benötigten Randbereich des Bogens üben (vgl. Bild 10 links). Entlang der geprägten Linien nun 13 mal falten. An der ersten Linie nach vorn falten, an der zweiten Linie nach hinten, an der dritten Linie wieder nach vorn usw. Dabei die Faltkanten nicht ganz scharfkantig knicken. Den Bogen nun wieder leicht glätten und die Faltung in der Gegenrichtung wieder nicht ganz scharfkantig durchführen. Den Bogen wieder leicht glätten, die Längsfalten müssen noch erhalten sein, sie können nun relativ leicht nach vorn oder hinten gefaltet werden (Bild 10 rechts). Das Papier darf an keiner Stelle gebrochen oder sonstwie beschädigt oder undicht sein!
Nun den Bogen wieder leicht glatt streichen und mit der bedruckten Seite nach außen zu einem Schlauch zusammenkleben (UHU Coll wasserfest verwenden, gestrichelte Überlappungslinie beachten!). Die Klebenaht mit 2 Holzleisten zusammenpressen (vgl. Bild 11). Nach etwa einer Stunde, wenn der Leim ausgehärtet ist, die vorgeprägten Falten des Schlauches unter Zuhilfenahme des Falzholzes jeweils in die vorgeprägte Richtung drükken (Bild 12).

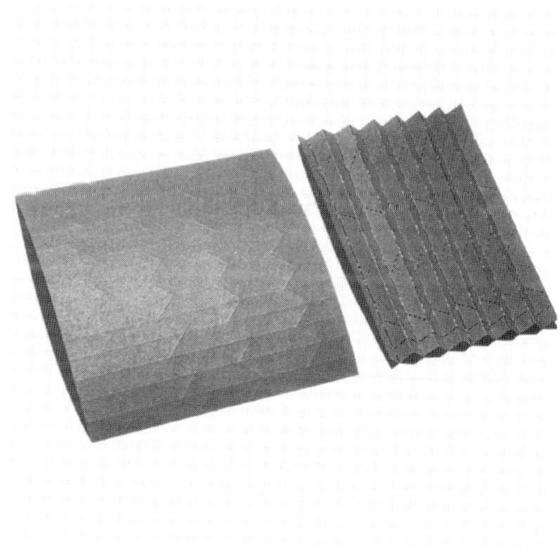

Bild 10:
Das Spezialpapier für den Faltenbalg, hier vorgeprägt und einmal gefaltet.

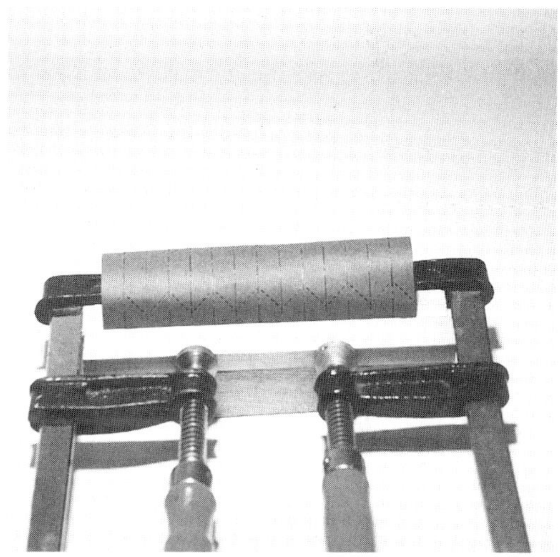

Bild 11:
Das zu einem Schlauch zusammengeklebte Papier wird an der Klebenaht mit 2 Holzleisten zusammengepreßt.

Bild 12:
Wenn der Leim ausgehärtet ist, können die vorgeprägten Falten mit dem Falzholz geformt werden.

Der Balg wird nun mit den beiden Sperrholzplatten (Teile 8 und 9) oben mit der kleinen Bohrung, unten mit der größeren Bohrung, verschlossen. Um zu verhindern, dass nachher mehrere Falten ungewünscht zusammenkleben, verwenden wir zwei Trennfolien. Wir schneiden dafür 2 Polyäthylenfolien (z.B. aus einem Gefrierbeutel) ca. 2 mm kleiner als die Sperrholzplatten (Teil 9) zu und klemmen diese Folien innen im Balg in die erste und letzte Falte. Damit auch außen die Falten durch austretenden Leim nicht aneinander kleben, werden auch da jeweils 4 Folienstreifen 15 x 50 mm ringsherum in die Falten über den Klebestellen eingelegt. In den Ekken liegt das Papier doppelt. Damit sich die geraden Ränder des Faltenbalges beim Verkleben mit den Sperrholzdeckplatten besser andrücken lassen, werden 4 Pappstreifen (1 mm dick, 18 x 18 mm groß) in die erste Falte über der Klebestelle mit den Folienstreifen eingelegt. Balg und Sperrholzplatten werden nun verklebt. Als Klebstoff weissen Kaltleim verwenden (z.B. Uhu Coll wasserfest). Dabei die Ecken nicht vergessen! Klebestellen eine Stunde leicht pressen.
Die Folien können nach dem Aushärten durch die Bohrung der unteren Platte entfernt werden. Die Verklebungen am Stoß des Faltenbalges und an den Übergängen zu den Sperrholzplatten müssen luftdicht sein. Indem wir die Bohrungen verschließen, die größere mit dem Finger, die kleine Bohrung mit einem Stück Dübelholz (6 mm), können wir prüfen, ob der fertige Faltenbalg tatsächlich luftdicht ist. Im Betrieb wird der Balg einen Hub von ca. 2,4 cm machen. Drücken wir den Balg zusammen, wenn die kleinere Bohrung durch ein Stückchen Dübelholz (6 mm) verschlossen ist, spüren wir deutlich, wie die Luft aus der großen Bohrung ausströmt. Verschließen wir nun auch die große Bohrung mit dem Finger und halten den Balg nur an einer Platte fest, darf er sich nicht von selbst sofort wieder ausdehnen, weil ja keine Luft mehr einströmen kann.
Da wir nur Holz und Papier verwenden, wird der Faltenbalg nicht absolut dicht sein; es sollte aber doch 10 bis 30 Sekunden dauern, bis er wieder die Höhe hat, aus der wir ihn zusammengedrückt haben.
Sollte er sich schneller dehnen, kann Luft an einer undichten Stelle in den Balg einströmen. In diesem Fall ist die undichte Stelle zu suchen und abzudichten. Man kann eine undichte Stelle leicht finden, indem man beide Bohrungen verschließt, den Balg leicht zusammendrückt und in die Nähe des Gesichtes hält. Man spürt dann deutlich, wo Luft unzulässigerweise ausströmt.

Viel Geduld und viel Spass!

Kopiervorlage für den Faltenbalg

Wenn Sie weitere Faltenbälge anfertigen möchten, lassen Sie das hier abgedruckte Faltmuster in einem Kopierladen auf ein DIN-A4-Blatt aus Lampenschirmpapier oder Elefantenpapier kopieren. Für hochbeanspruchte Modelle, wie etwa Schaumodelle, die ständig laufen sollen, kann vom Autor ein kunststoffbeschichtetes Spezialpapier mit Faltmuster bezogen werden.
Sollte es nicht möglich sein, das Faltmuster auf das Lampenschirmpapier zu kopieren, hier mein Tip: Lassen Sie eine Laserdrucker-Kopie anfertigen und legen Sie diese Kopie mit der bedruckten Seite auf das Lampenschirmpapier. Mit Tesafilm an den Rändern festkleben. Mit einem heißen Bügeleisen (Einstellung Baumwolle) können Sie das Muster seitenverkehrt übertragen! Nicht über den Tesafilm bügeln, er schmilzt und verklebt das Bügeleisen. Für den Faltenbalg spielt es keine Rolle, ob das Faltmuster seitenverkehrt ist.

Teil 19: Faltenbalg für Konservendosen-Stirlingmotor (Kopiervorlage) M 1:1

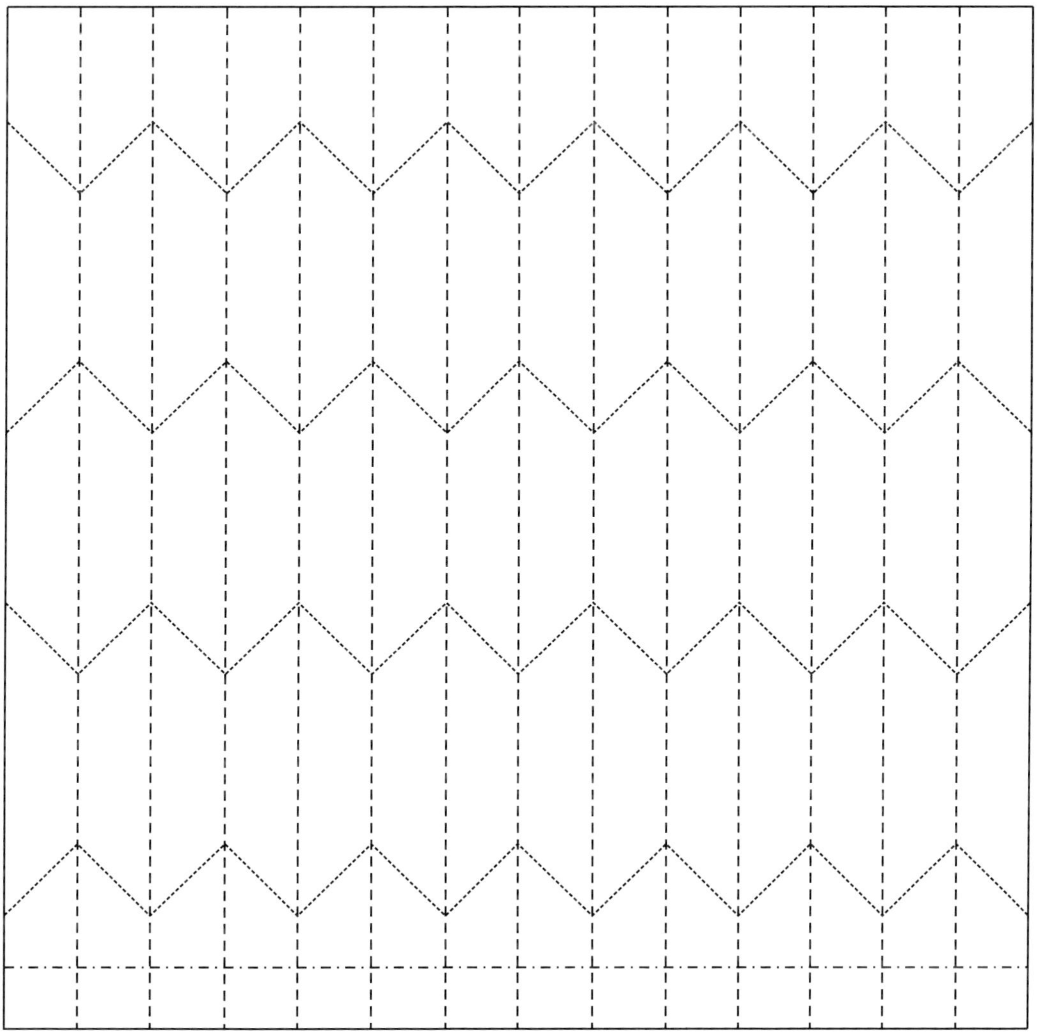

Bedruckte Seite ist Balgaußenseite Faltenbalg 42 mm

Auf diesen Linien mit der gut verrundeten Spitze eines Falzholzes,
- - - - - - auf einer Kartonunterlage einen Falz eindrücken,
– · – · – · – Überlappung beim Verkleben,
———— an dieser Linie ausschneiden

Liebe, Schüler, Lehrlinge und Studenten,

Ich bin ein kleiner Stirlingmotor. Ihr könnt mich unter Anleitung Eures Ausbilders leicht selbst bauen. Mein Material ist einfach zu beschaffen, für die Montage braucht Ihr kein Spezialwerkzeug. Mit einem Teelicht beheizt mach' ich soviel Strom, daß z.B. ein Transistorradio damit laufen kann.

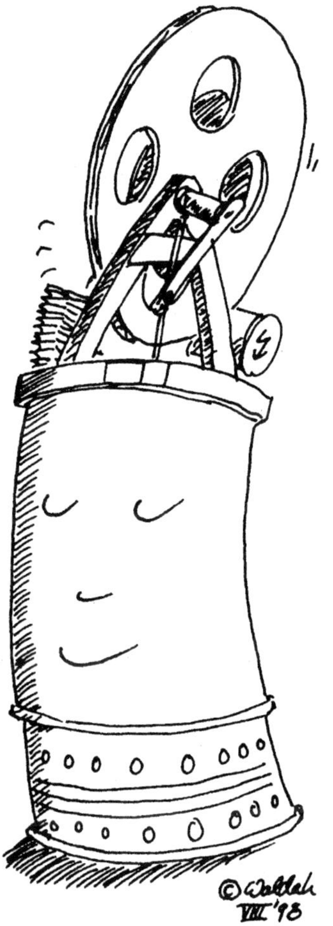

Ihr werdet mit mir viel Spaß haben. Wer kann schon sagen, er habe einen richtigen Motor selbst gebaut?

Euren Ausbildern werde ich gut gefallen. Durch mich können sie Euch spielerisch zeigen, wie eine umweltfreundliche Energiewirtschaft aussehen kann – die Stirlingmotoren werden dabei in Zukunft einen wichtigen Platz einnehmen.

Durch meine universellen Einsatzmöglichkeiten lernt Ihr im Umgang mit mir einiges über Materialkunde, Thermodynamik, Elektrotechnik, Mechanik und nachwachsende Brennstoffe.

Der Zusammenbau

Nachdem alle Teile angefertigt sind, folgt nun der Zusammenbau der Einzelteile. Für die Profis sind in der Stückliste (Seite 22) und in der Übersichtszeichnung (Seite 25) die in der Technik üblichen Anweisungen für den Zusammenbau zusammengefasst.
Für handwerklich weniger Geübte ist die folgende ausführliche Anleitung für den Zusammenbau mit Hinweisen zur ersten Inbetriebnahme gedacht. Durch die folgenden Arbeitsanleitungen mit Fotos, Tips und Tricks (ab Seite 55) wird der Nachbau, wie ich hoffe, jedem möglich gemacht. Dabei wird auch angezeigt, wie mit einer Handbohrmaschine anspruchsvolle Arbeiten wie das Drechseln des Schwungrades und der Riemenscheiben ausgeführt werden können. Außerdem wird beschrieben, wie das Modell im Sinne der Ressourcenschonung ggf. auch aus einer alten leeren Konservendose gebaut werden kann, wenn keine Dauerkonservendose an Ihrem Wohnort zu bekommen ist.

Vorbereitung des Dosendeckels und des Lagerbockes

Den Dosendeckel nach Zeichnung bearbeiten; anschließend wird das Verbindungsrohr (Teil 7) – es muss rund und außen glatt sein – eingelötet und eine Bundbuchse (Teil 27) eingepresst. Achtung! Die Bohrung für die Bundbuchse muss genau im Zentrum des Deckels liegen.
Die 2 Lagerbockseitenteile (2 x Teil 13) seitlich an das Lagerbockmittelteil (Teil 12) ankleben. Die Unterseite des Lagerbockes muss eben und im Winkel sein; eventuell überschleifen.
Den fertigen Lagerbock auf den Aufbauring (Teil 6) in der markierten Position genau im Winkel aufkleben.

Schwungrad mit Lager montieren

In die Lagerbleche (Teil 15) die Bundbuchsen (Teil 16) einpressen. Die Nabe (Teil 30) auf 13,5 mm kürzen und mit Zweikomponenten-Kleber in das Schwungrad (Teil 29) einkleben. Den Schwungradreifen aus Messingflachprofil oder aus Schweißdraht (4 mm ϕ) aufkleben. Solange der Zweikomponenten-Kleber noch weich ist, die Nabe im Schwungrad ausrichten, damit das Schwungrad ohne Seitenschlag läuft.
Ein Lagerblech mit eingepresstem Bundlager (Teil 15) in der markierten Position an den Lagerbock mit 2 Blechschrauben (Teil 17) anschrauben. Die Schrauben sind 2 mm zu lang und daher vor dem endgültigen Festschrauben durch Abschleifen zu kürzen.
Die Welle (Teil 35) mit dem Schwungrad in das bereits am Lagerbock festgeschraubte Bundlager (im Lagerblech) stecken und das 2. Bundlager mit dem Lagerblech so festschrauben, dass das Schwungrad gleichmäßig in der Mitte vom Lagerbock läuft. Auch diese 2 Schrauben vor dem endgültigen Festschrauben kürzen.
Den fertigen Lagerbock mit 3 Schrauben und Dichtscheiben (Teile 17 und 18) auf dem Dosendeckel aufschrauben.

Schwungrad und Verdränger am Dosendeckel montieren

Anschließend den Verdränger, jetzt noch mit einem Durchmesser von 98 mm mit eingeklebtem Verdrängerkern und Verdrängerstange (Teile 3 und 5) und noch ohne Regeneratormaterial, in die Konservendose stellen. Er muss an der Wand anliegen und zügig in die Dose passen.
Hinweis: Die 4 Bohrungen im Verdränger mit 22 bis 23 mm ϕ, die mit Stahlwolle als Regeneratormaterial gefüllt werden, können Sie

mit einem Stück Rohr, eventuell von einer alten Fahradluftpumpe, aus dem Blumensteckschwamm ausstechen. Den Stopfen jeweils von hinten aus dem Rohr ausstoßen. Die Schnittseite des Rohres innen schräg anfeilen, damit eine Schneide entsteht.
Den Dosendeckel mit Gummiring auf die Dose aufsetzen. Die Bundbuchse ohne zu verkanten dabei über die Verdrängerstange schieben. Dose und Deckel mit dem Spannringverschluss verschließen. Der Verdränger in der Dose muss sich mit der Verdrängerstange zügig bewegen lassen, ohne zu klemmen.

Haben Sie das Modell aus einer normalen Konservendose mit einem selbstgemachten Deckel gebaut, befestigen und dichten Sie den Deckel mit 1 bis 2 Lagen elastischem Klebeband auf der Dose. PVC-Isolierband mit einer Breite von 15 bis 20 mm verwenden (siehe Bild 3).
Das Verdrängerstangenlager (Teil 28) mit eingepresster Bundbuchse so biegen, wie in der Zeichnung auf Seite 35 angegeben und in der markierten Position auf dem Lagerbock festschrauben. Auch diese Schrauben vor dem endgültigen Festschrauben abschleifen. Die Verdrängerstange darf beim Festschrauben des Lagerbleches nicht aus der Richtung gedrückt werden.
Den Spannring von der Dose entfernen und den Deckel abnehmen. Mit einem geraden Stück Welle (2 mm ϕ) die Bundlager im Deckel und im Lagerblech (Teil 28) so ausrichten, dass die 2 mm-Welle infolge des Eigengewichtes durch beide Bundlager gleitet.
Den Verdränger außen nun auf 97 mm ϕ bzw. 93 mm ϕ unten überarbeiten. Für die Profis kein Problem, für die weniger Geübten folgt die Anleitung weiter hinten.

Die Innenwände der 4 Bohrungen im Verdränger mit verdünntem Kaltleim (Leim 1:1 mit Wasser verdünnt) einstreichen. Der Leim dringt etwas in die Poren ein, daher noch einmal nachpinseln. Außen wird der Verdränger erst nach dem Probelauf eingestrichen. Den verdünnten Kaltleim in den Bohrungen gut trocknen lassen. Er ist trocken, wenn der Steckschwamm wieder seine ursprüngliche Farbe hat. Nach dem Trocknen (über Nacht) in jede Bohrung 1 g Stahlwolle (Sorte 00) gleichmäßig locker und ohne Hohlräume einfüllen. Dazu die Stahlwolle auseinanderzupfen und in die Form der Bohrung bringen. Es fallen viele kurze Fasern aus der Stahlwolle, die Menge deshalb noch mal nachwiegen. Diese Walze in ein Stück Papier einrollen und mit dem Papier in die Bohrung an die richtige Position schieben. Mit einem runden Gegenstand, Feilen- oder Schraubendrehergriff, die Stahlwolle in der Papierrolle in Position halten und das Papier herausziehen. Anschließend die Stahlwolle noch etwas verteilen und einrichten. Diese Arbeit ist etwas knifflig. Drei Hände wären dabei günstig.

Die Luft im Stirlingmotor soll bei der Auf- und Abbewegung des Verdrängers durch die Stahlwolle und nicht daneben vorbeiströmen. Sie soll in der einen Richtung die Stahlwolle aufheizen und in der anderen Richtung wieder von der Stahlwolle erwärmt werden.

Den Verdränger mit Regenerator in die Dose stellen, er passt jetzt locker hinein. Den Dosendeckel samt Gummiring mit der Bundbuchse auf die Verdrängerstange stecken und den Stellring (Teil 26) zwischen Bundbuchse im Deckel und Bundbuchse im Lagerblech lose aufschieben. Dose und Deckel mit dem Spannringverschluss verschließen. Der Verdränger muss jetzt in der Dose auf- und abgleiten, ohne zu schleifen. Er muss durch das eigene Gewicht nach unten gleiten.
Für das untere Verdrängerpleuellager eine Messinghülse (Teil 23) auf eine Schraube

(Teil 22) kleben. Die Hülse am Schraubenkopf anliegen lassen.

Die Welle (Teil 35) mit dem Schwungrad, der Riemenscheibe und den beiden Kurbeln in den Lagerbock in der gezeichneten Stellung einbauen (die längere Kurbel für den Verdränger zeigt nach hinten und die kürzere für den Faltenbalg nach oben – also 90° Phasenversatz!). Die Madenschrauben nur leicht anziehen und testen, ob sich das Schwungrad ganz leicht dreht; eventuell die Stellung der Teile noch korrigieren. Die Welle wieder ausbauen. Die Madenschrauben haben auf der Welle Marken hinterlassen. An diesen Stellen kleine Flächen auf der Welle einfeilen. Würden Sie die Madenschrauben ohne Flächen auf der Welle festschrauben, könnten Sie die Welle nicht mehr ausbauen, weil die Welle durch die Madenschrauben beschädigt wurde und nicht mehr durch die Bundlager passt. Wird die Welle mit Gewalt durch die Lager gedrückt, werden auch diese beschädigt.
Danach wird die Welle wieder eingebaut, und alle Teile werden in der endgültigen Position festgeschraubt.

Einbau des Faltenbalgs

Der fertige, auf Dichtigkeit geprüfte Faltenbalg wird nun zusammen mit dem mittels Zweikomponenten-Kleber eingeklebten Pleuel (Teil 11) auf das Verbindungsrohr aufgesteckt. Die Verbindung muss luftdicht sein! Die Bohrung (12 mm ϕ) in der unteren Platte (Teil 8) so ausschleifen, dass sich der Faltenbalg mit drehender Bewegung passgenau auf das Verbindungsrohr stecken lässt. Sollte Ihnen die Bohrung (12 mm ϕ) zu groß geraten sein, müssen Sie diese Verbindung mit einer geeigneten Dichtmasse (Fensterkitt – der wird nach einiger Zeit fest, weichem Kaugummi oder einem Gummiring) abdichten. Die Verbindung fest zu verkleben, würde ich nicht raten, da das Modell ja eventuell wieder einmal zerlegt werden soll. Mit 2 Schrauben den Faltenbalg festschrauben.
Das Pleuel vom Faltenbalg entsprechend der Übersichts-Zeichnung an die Kurbel anschrauben und das Pleuel für den Verdränger anbringen. Mit der Schraube M3 x 8 mit der aufgeklebten Hülse und der aufgebohrten oder aufgefeilten Beilagscheibe (Teil 24) (eine Beilagscheibe mit 4,3 mm ϕ würde klappern) das Pleuel am Stellring (Teil 26) anschrauben.
Die andere Seite des Pleuel an der Kurbel anschrauben. Die Pleuel müssen sich auf den Messinghülsen leicht bewegen, ohne dabei zu locker zu sein (Geräusche beim Betrieb). Bei Bedarf die Bohrungen in den Pleueln mit einer Rundfeile leicht nacharbeiten.
Den Verdränger mittels Schraube im Stellring in der Höhe so einstellen, dass jeweils 0,5 bis 1 mm Spalt zwischen Boden und Deckel bleibt. Die Einstellung mehrmals kontrollieren!

Wenn Sie an dem Schwungrad drehen, muss beim Zusammendrücken des Faltenbalges ein leichter Gegendruck durch das Komprimieren der Luft in der Dose zu spüren sein! Das Schwungrad muss sich ohne zu klemmen und ohne, dass irgendwo etwas streift, wieder durch die komprimierte Luft in der Dose zurück drehen.

Die Inbetriebnahme

Nun wird es spannend! Entzünden Sie ein Teelicht im Heizuntersatz und stellen Sie das fertige Modell darauf. Nach einer Anheizzeit von ca. 45 bis 60 Sekunden das Schwungrad im Uhrzeigersinn (auf den Faltenbalg gesehen) starten.

Das Modell läuft! Ich gratuliere!

Nun noch den „Generator" mit der kleinen Riemenscheibe und den Haltewinkeln anschrauben (Schrauben kürzen). Zum Einlegen des Riemens muss die Kurbel des Faltenbalges noch einmal abgenommen werden. Zum Betrieb eines Transistorradios muss die Ausgangsspannung des Generators mit einem Elektrolytkondensator mit 10.000 µF geglättet sein. Beim Anschluss des Elektrolytkondensators, der Leuchtdiode und des Radios auf die richtige Polarität der Generatorspannung achten! Mit dem auf Seite 18 vorgeschlagen Messgerät zum Messen der Temperatur von Conrad Electronic kann auch die Spannung gemessen und die Polarität festgestellt werden. Ist der Pluspol des Generators am Pluspol des Messgerätes angeschlossen, erscheint in der Anzeige des Messgerätes kein Vorzeichen.

Die Generatorspannung muss auf 3,5 Volt begrenzt werden. Eine superhelle Leuchtdiode mit 2 Dioden in Reihe geschaltet, beginnt bei 3,3 Volt zu leuchten und lässt die Spannung nicht über 3,5 Volt ansteigen. Mit 3 Volt und einer Leistung von 100 mW lässt sich das Transistorradio Grundig Boy 56 oder Sony ICF-S 10 bzw. ICF-390 betreiben.

Nach einer Betriebszeit von etwa 4 Stunden oder auch länger, sollte das Modell wieder zerlegt und der Verdränger auf Verzug kontrolliert und eventuell nachgearbeitet werden. Vom Blumensteckschwamm lösen sich kleine Teilchen ab und legen sich auf die Verdrängerstange. Dadurch entstehen Geräusche und die Bundlager werden ausgeschliffen. Aus diesem Grund jetzt den Verdränger mit verdünntem Kaltleim überziehen, um die Schaumstoffoberfläche zu verfestigen. Nach dem völligen Austrocknen des Leimüberzuges kann das Modell wieder zusammengebaut werden. Die Lagerstellen mit feinem Öl leicht schmieren.

Ich hoffe, die Arbeiten waren nicht allzu schwierig und Sie hatten viel Spass.

Ergänzende Arbeitsanleitungen

Den Stirlingmotor aus einer Konservendose und einem Faltenbalg zu bauen, scheint bei der ersten Betrachtung kaum Schwierigkeiten zu bereiten. Das stimmt sicherlich für Leute, die handwerklich schon so manches auf die Beine gestellt haben.
Für Neueinsteiger sind aber doch einige Hürden zu nehmen. Zu dieser Zielgruppe, die ich mit dieser Bauanleitung besonders ansprechen möchte, gehören Schüler und Leute, die auch einmal etwas selbst machen möchten. Bei der Beschäftigung mit der Sache sollen sowohl handwerkliches Geschick gefördert als auch Verständnis vermittelt werden. Wenn am Ende - hoffentlich - das „Aha-Erlebnis" eintritt, sind Sie und ich diesem Ziel einen Schritt näher gekommen.

Es folgen daher nun Vorschläge, wie Sie Arbeiten durchführen können, die Sie bisher vielleicht noch nicht selbst gemacht haben oder zu deren Ausführung eigentlich teure Maschinen, wie z.B. eine Drehmaschine, erforderlich wären.
Eine Drehmaschine ist in Bastelecken nicht so häufig anzutreffen wie eine elektrische Handbohrmaschine. Die runden Teile für das vorliegende Modell, etwa den Verdränger aus Blumensteckschwamm, das Schwungrad und die Riemenscheiben aus Sperrholz, werden wir mit der Handbohrmaschine als Drehmaschine bearbeiten.
Wir brauchen dazu eine in der Drehzahl regelbare Handbohrmaschine mit einem Bohrfutter bis 10 mm Spannweite und einen Halter, mit dem die Bohrmaschine an der Tischkante stabil angeschraubt werden kann (vgl. Bild 13).

Das Spannfutter der Bohrmaschine ist zum Spannen von Bohrerschäften bis 10 mm Durchmesser vorgesehen. Die Teile, die wir bearbeiten müssen, sind fast alle wesentlich größer.
Wir brauchen daher als erstes eine geeignete Vorrichtung, um größere Teile wie den Dosendeckel, den Verdränger und das Schwungrad im Spannfutter einspannen zu können.
Eine Sperrholzscheibe mit einem Durchmesser von 100 mm, ca. 8 bis 10 mm dick, mit einem runden, 10 mm dicken Einspannzapfen an einer Seite wird uns das ermöglichen (siehe Bild 14 links).

Bild 13:
Die Bohrmaschine ist mit einer speziellen Halterung an der Werkbank festgeschraubt.

Bild 14 (oben):
Sperrholzscheibe mit eingeklebtem Einspannzapfen (links), Winkel als Auflage für die Drechselwerkzeuge (Mitte) und Winkel für das Stützlager (rechts).

Bild 15 (unten):
Die Werkzeugauflage wird mit einer Schraubzwinge dicht vor der Vorderfläche der im Bohrfutter eingespannten Sperrholzscheibe befestigt.

Wir brauchen dazu aus dem Heimwerker-Baumarkt:

- Eine große Holzschraube mit Vierkant- oder Sechskantkopf mit einem Schaftdurchmesser von 9,5 bis 10 mm und einer Länge von etwa 100 mm. Der Schaft zwischen Kopf und dem Holzgewinde muss ca. 25 bis 30 mm lang, ohne Gewinde, glatt und zylindrisch sein.
- Je einen Rest mehrfach verleimtes Sperrholz, etwa 20 mm stark und 8 bis 10 mm stark.

Aus dem 20 mm Sperrholz sägen wir eine runde oder achteckige Scheibe mit etwa 50 mm Durchmesser. In die Mitte dieser Scheibe, genau im rechten Winkel (Bohrständer verwenden, Schutzhandschuhe und Schutzbrille tragen!), bohren wir ein Loch mit ca. 6,5 mm Durchmesser. Der Durchmesser der Bohrung soll etwas kleiner sein als der Kerndurchmesser des Gewindes der Holzschraube.

Die Holzschraube mit einem passenden Schraubenschlüssel (17 mm) genau senkrecht bis zum Gewindeende in das vorgebohrte Loch in der Sperrholzscheibe eindrehen. Anschließend die Länge der hinten über-

stehenden Schraubenspitze abmessen oder kennzeichnen und die Schraube wieder herausdrehen. Die überstehende Schraubenspitze plus etwa 0,5 bis 1 mm zusätzlich mit der Puk-Säge absägen und den Sägegrat mit einer Feile entfernen.
In das Loch der Sperrholzscheibe, in dem das Gewinde der Holzschraube eingedrückt ist, etwas angemischten Zweikomponenten-Kleber streichen und die gekürzte Schraube wieder eindrehen. Die flache Schraubenspitze muss 0,5 bis 1 mm zurückstehen. Mit der Puk-Säge nun den Schraubenkopf unmittelbar am Kopf absägen. Der so entstandene Zapfen ist der Einspannzapfen für das Bohrmaschinenfutter (siehe Bild 14 links).

Während der Zweikomponenten-Kleber aushärtet, leimen wir noch zwei Winkel aus Sperrholz zusammen.
Der erste Winkel dient als Auflage für die Drechselwerkzeuge. Die Höhe des senkrechten Schenkels sollte etwa 3 mm niedriger sein als die Bohrfuttermitte; günstig ist eine Schenkelbreite von 75 bis 80 mm. Der andere Schenkel wird gebraucht, um den Winkel mit einer Schraubzwinge am Tisch festzuschrauben.
Der zweite Winkel dient als Stützlager zum Bearbeiten des Verdrängers. Dessen Schenkelhöhe sollte etwa 5 mm über die Bohrfuttermitte reichen. Als Schenkelbreite genügen 20 bis 30 mm. Der andere Schenkel dient auch hier wieder zum Festklemmen an der Tischkante (siehe Bild 14 rechts).

Zum Bearbeiten des Konservendosendeckels brauchen wir jetzt die runde Sperrholzscheibe mit einem Durchmesser von 100 mm und 8 bis 10 mm Stärke.
Die Bohrmaschine wird mit dem Halter an der Tischkante festgeschraubt. Wenn die Verklebung des Einspannzapfens unserer Spannvorrichtung ausgehärtet ist, spannen wir den 10 mm-Einspannzapfen in das Bohrfutter, das mit dem Futterschlüssel fest zugespannt wird. Die Stellung, in der die Vorrichtung im Bohrfutter eingespannt ist, sollte am Futter und am Sperrholz dauerhaft angezeichnet werden, damit später ein erneutes Einspannen in der gleichen Position zum Bohrfutter möglich ist.
Der Winkel zur Werkzeugauflage wird mit einer Schraubzwinge dicht vor die Vorderfläche der 20 mm dicken Sperrholzscheibe gespannt, so dass die Scheibe sich drehen kann ohne zu streifen (Bild 15).

Alle Klemmschrauben am Bohrmaschinenhalter sowie das Bohrfutter und die Schraubzwinge sind vor dem Einschalten der Bohrmaschine noch einmal nachzuspannen. Und nicht vergessen: Schutzbrille aufsetzen und Schutzhandschuhe anziehen!

Bitte entscheiden Sie selbst, ob Sie die nun durchzuführenden, nicht ganz einfachen und nicht völlig ungefährlichen Drechselarbeiten selbst durchführen können oder ob Sie diese Arbeiten besser von einer Fachkraft oder jemandem, der erfahrener ist als Sie, durchführen lassen, bzw. ob Sie sich eventuell zumindest einweisen lassen. Ich schließe ausdrücklich jede Haftung aus.
Die Bohrmaschine sollte mit einer Drehzahl von etwa 500 Umdrehungen pro Minute laufen. Die Vorderfläche der Sperrholzscheibe wird sicher nicht vollkommen plan laufen. Der Spalt zwischen Scheibe und Aufspannwinkel wird sich beim Drehen der Scheibe sicher ändern, weil die Schraube nicht hundertprozentig gerade in die Sperrholzscheibe eingedreht ist.
Den Dreikantschaber fest in beide Hände nehmen und die Spitze – auf der Werkzeugauflage aufliegend – sehr langsam der rotierende Sperrholzscheibe nähern und dabei fest auf den Auflagewinkel aufdrücken. Der

Bild 16:
Zum Plandrechseln wird der Dreikantschaber von der Mitte ausgehend so geführt, daß er durch die sich drehende Scheibe auf die Unterlage gedrückt wird.

Dreikantschaber darf sich dabei nicht im Rhythmus der Sperrholzscheibenumdrehung bewegen. Er soll die Teile der Scheibe abhobeln, die zu weit nach vorn stehen. Dazu im Zentrum der Scheibe beginnen.
Durch langsames seitliches Verschieben des Dreikantschabers zum linken Rand der Scheibe werden die vorstehenden Teile der Vorderfläche abgedrechselt. Der Dreikantschaber muss dabei immer so gehalten und geführt werden, dass er durch die drehende Scheibe auf die Unterlage gedrückt wird (Bild 16).

Sie werden selbst merken, dass der Dreikantschaber nicht das richtige Werkzeug für diese Arbeit ist. Durch die Spitze des Schabers bekommen Sie aber leichter die Technik raus, wie das Drechselwerkzeug gehalten und geführt werden muss. Ein schmales Stemmeisen (Stechbeitel), 6 bis 8 mm breit, ist zum Bearbeiten einer ebenen Fläche besser geeignet. Auch eine alte Vierkantfeile, an der Spitze angeschliffen (siehe Bild 17), ist brauchbar.

Ist die Vorderfläche bearbeitet, eben und ohne Planschlag (mit einem Lineal kontrollieren und den Spalt zwischen Auflage und Scheibe beobachten), wird die runde 100 mm Sperrholzscheibe auf die bearbeitete Vorderseite so aufgeleimt, dass sie rund läuft.
Die weiteren Arbeiten richten sich jetzt nach der Konservendose, aus der Sie das Modell anfertigen. Behandeln wir zunächst die Version für die Dauerkonservendose:

Die aufgeleimte Sperrholzscheibe muss am Außenrand so weit abgedrechselt werden, dass der Dosendeckel aufgeschoben werden kann. Sie erhält den gleichen Durchmesser wie der Aufbauring (Teil 6).
Die Oberseite des Dosendeckels (Teil 1) mit Hilfe der drei kleinen Schrauben (Teil 17) durch die Löcher, durch die er später mit Teil 6 verschraubt wird, auf der Vorrichtung festschrauben.
Den Werkzeugauflagewinkel wieder dicht vor den Deckel spannen und die Bohrmaschine einschalten. Die Drehzahl sollte wieder etwa 500 Umdrehungen pro Minute betragen. Schutzbrille und Schutzhandsschuhe nicht vergessen! Mit der frisch angeschliffenen Spitze des Dreikantschabers nun ein etwa 2 mm großes Loch im Zentrum des Dosendeckels in das Blech bohren.

Wenn Sie die Spitze des Dreikantschabers genau im Zentrum des rotierenden Deckels andrücken und dabei auf dem Auflagewinkel abstützen, wird sie sich in das Blech bohren, ohne sich dabei selbst zu drehen oder zu kreisen. Dieses Loch nun durch seitliches Verschieben des Dreikantschabers auf 4,5 bis 4,8 mm erweitern und dabei den Dreikantschaber fest auf dem Auflagewinkel aufliegen lassen.
Den Dosendeckel von der Vorrichtung abnehmen. Sofern jetzt eine 5 mm Handreibahle vorhanden wäre, könnten Sie die Boh-

rung im Dosendeckel, in die das Bundlager (Teil 27) für die Verdrängerstange eingepresst werden muss, auf das entsprechende Maß aufreiben. Aber wer hat schon eine 5 mm-Handreibahle zur Hand. Das ist ein Werkzeug, mit dem Bohrungen auf einen sehr genauen Durchmesser nachgearbeitet werden. Eine Handreibahle ist auch nicht ganz billig. Bei unserem dünnen Dosenblech geht es auch einfacher.

In der Regel ist das hintere glatte Ende eines Spiralbohrers einige Hundertstel Millimeter kleiner als sein Nennmaß. Ein 5 mm-Bohrer hat einen Schaftdurchmesser von 4,95 bis 4,98 mm - genau das Maß, welches wir zum Einpressen des Bundlagers brauchen.
Die Bohrung im Dosendeckel, die wir mit dem Dreikantschaber von der Innenseite gebohrt haben, weiten wir mit dem konischen Durchschlag oder mit dem konischen Ende des Körners durch vorsichtiges Drehen mit der Hand von der Oberseite her auf. Den Bohrerschaft mit seinem Durchmesser von 4,95 mm verwenden wir dabei als Probemaß (Lehrdorn) zum Messen des Durchmessers. Der Bohrerschaft darf beim Probieren nur eben anspitzen und nicht leicht durch das Loch durchgehen.
Bevor Sie den Dosendeckel bearbeiten, machen Sie bitte zunächst einen Versuch mit einem anderen Stück Konservendosenblech. Das Bundlager darf am Ende nämlich nicht lose in die Bohrung passen, es muss eingepresst werden.

Zum Einpressen des Bundlagers (Teil 27) auf der Deckeloberseite müssen wir einen Ring auf der Deckelunterseite beilegen, in den der Einpressdurchmesser des Lagers passt. Es eignet sich dazu eine Mutter M6, die noch ein wenig ausgefeilt wird. Diese Mutter wird als Einpressring an der Deckelunterseite genau unter der Bohrung mit doppelseitigem Klebefilm oder mit drei Tupfen Zweikomponenten-Kleber angeheftet.
Als Presse eignet sich die Handbohrmaschine im Bohrständer (natürlich im Stillstand). In das Bohrfutter wird ein kurzes Stück Welle (2 mm ø) eingespannt (mit dem Puk-Metallsägeblatt absägen, damit das Ende nicht verbogen oder beschädigt wird), so dass ca. 3 bis 4 mm aus dem Bohrfutter ragen. Das Bundlager mit dem Bund zum Bohrfutter auf die Welle stecken, dabei eventuell etwas Öl oder Fett zugeben, damit es haften bleibt.
Den Dosendeckel - mit der Mutter M6 nach unten - auf eine ebene Fläche legen und von oben mit der Bohrmaschine das Lager gerade einpressen. Anschließend die Mutter M6 wieder entfernen.

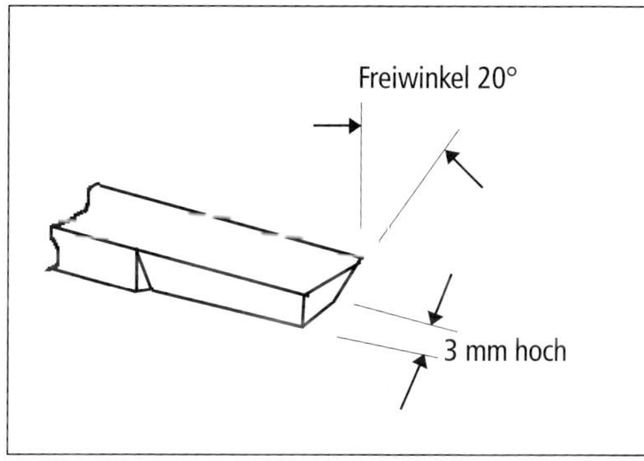

Bild 17: Anschliff einer alten Vierkant-Feile zur Herstellung eines Drechselwerkzeugs.

Hinweis: Beim späteren Einpressen des zweiten Bundlagers in das Lagerblech (Teil 15) müssen zwischen Bohrfutter und Bundlager wegen des 10 mm breiten Lagerblechs einige Muttern M3 beigelegt werden. Die ausgefeilte Mutter M6 auch zum Einpressen dieses Bundlagers unterlegen!

Die Alternative zur Dauerkonservendose

Sollten Sie die Dauerkonservendose an Ihrem Wohnort nicht bekommen oder, falls Sie den Ehrgeiz haben, das Modell aus Recycling-Material zu bauen, eignen sich auch normale gewöhnliche, leere Konservendosen. Sie können glatte oder gewellte Dosen verwenden. Der Deckel sollte mit einem Dosenöffner, der ein rotierendes Messer besitzt, geöffnet worden sein und der obere Rand so wenig wie möglich Beschädigungen aufweisen. Wir benötigen 2 Dosen. Aus der einen fertigen wir den Deckel, der im Durchmesser 0,5 bis 0,7 mm größer sein muss als die zweite Dose, auf die er passen soll.

Bitte denken Sie daran, das dünne Dosenblech ist messerscharf. Wenn Sie mit Dosenblech arbeiten, sollten Sie immer Schutzhandschuhe tragen!

Ich selbst habe eine Konservendose mit Pfirsichhälften (Einprägung ESPANA im Deckel) in die Hände bekommen; diese Dose ist knapp 1 mm im Durchmesser größer als die üblichen Dosen. Auf eine Höhe von 10 mm abgeschnitten, passt sie optimal als Deckel auf eine andere Dose, von der nur die obere Wulst abgeschnitten wurde.
Mir ist jedoch nicht bekannt, ob alle Dosen aus Spanien einen etwas größeren Durchmesser aufweisen als Dosen aus anderen Ländern. Das ist bei der Normungswut in der EU auch unwahrscheinlich.

Wir können uns einen passenden Deckel auch aus einer Dose mit Normdurchmesser anfertigen. Zu diesem Zweck ist die auf unsere Vorrichtung für die Handbohrmaschine aufgeleimte Sperrholzscheibe anzupassen. Die Scheibe muss für die auf 10 mm Höhe (mit dem Federzirkel anzeichnen) abgeschnittene Normdose einen Durchmesser von knapp 99 mm haben. Bitte messen Sie die Dose genau ab, die Sie als Deckel verwenden wollen und drechseln Sie die Sperrholzscheibe auf eben diesen Durchmesser ab.
Dieser zukünftige Deckel wird nun mit 3 Schrauben (Teil 17) durch die Löcher, die später zum Anschrauben von Teil 6 mit dem aufgeleimten Lagerbock vorgesehen sind, mit nach vorn weisendem Rand auf der Sperrholzscheibe der Vorrichtung festgeschraubt (Bild 18).

Wir werden uns jetzt als Metalldrücker betätigen und den von der ursprünglichen Dosenhöhe übrig gebliebenen 7 bis 8 mm hohen Blechrand (die Wulst ist etwa 3 mm hoch) um 0,5 bis 0,7 mm aufweiten, damit er als Deckel über eine andere Dose passt, von der nur die obere Wulst abgeschnitten ist. Metalldrücken ist ein Vorgang, bei dem aus runden flachen Blechscheiben runde Gefäße hergestellt werden. Im einfachsten Fall wird dabei eine runde Blechscheibe (Ronde) vor einen runden Körper gespannt, welcher der Innenform des Gefäßes entspricht, das angefertigt werden soll. Die Innenform kann aus Hartholz gedrechselt sein. Auf einer Drückbank – sie ist ähnlich wie eine Drehmaschine aufgebaut – rotiert die Innenform zusammen mit der davorgespannten Blechronde. Das Blech wird auf der Außenseite mit organischem Fett eingestrichen. Mit einem relativ einfachem Drückwerkzeug, oft nur einem Hartholzstab, wird das Blech, während es sich dreht, von der Mitte beginnend so verformt, dass es sich an die Holzinnenform anpasst.

Bei diesem Vorgang wird durch den Druck des Hartholzstabes eine Delle im Blech erzeugt, die auf einer Spiralbahn durch die langsame Bewegung des Hartholzstabes vom Zentrum nach außen gezogen wird. Das Blech wird dabei ständig verformt und nimmt die Kontur der Innenform an. Dieser Vorgang wird in Teilbereichen oder auch in der gesamten Fläche mehrfach wiederholt. Man spricht vom Metalldrücken mit der Hand. Automatische Anlagen verwenden natürlich nicht Hartholz, hier formen Stahlwerkzeuge oder Rollen das Blech.

Um den Rand unseres künftigen Deckels aufzuweiten, arbeiten wir nach demselben Verfahren, aber auf der Innenseite der Dose. Als Drückwerkzeug benützen wir den Durchschlag (Splinttreiber). Die scharfe Kante der Durchschlagvorderseite muss dazu verrundet werden, damit das dünne Blech beim Drückvorgang nicht durchgetrennt wird. Auch hier heißt es wieder: *Schutzhandschuhe tragen!* Die „Handbohrmaschinen-Drückbank" ist, wie in Bild 18 abgebildet, einzurichten. Den Auflagewinkel dicht vor den Deckelrand spannen und alle Klemmschrauben noch einmal festziehen!

Bild 18:
Metalldrücken auf der selbstgebauten Drechselbank: Hier wird das Oberteil einer Konservendose aufgeweitet, damit es als Deckel über eine andere Dose paßt.

Nun wird der Deckelrand innen mit wasserfreiem organischem Fett oder Öl eingestrichen (organische Fette sind hitzebeständiger als übliche Mineralöle). Durch den Anpressdruck auf einen sehr kleinen Fleck entsteht durch die Reibung eine hohe Temperatur. Die Bohrmaschine soll wieder mit 200 bis 300 Umdrehungen pro Minute laufen. Nun den Durchschlag mit mäßigem Druck von innen gegen den Dosenrand, der geweitet werden soll, drücken und dabei gleichzeitig auf den Auflagewinkel auflegen.
Den Durchschlag dabei etwas schräg zur gedachten Rotationsachse halten, damit nur die verrundete Kante der Durchschlagvorderseite gegen den Blechrand drückt. Innen beginnend den Durchschlag mit mäßigem Andruck sehr langsam nach außen (zurück-) ziehen.
Wenn Sie an der Blechrandaußenseite die Stelle betrachten, an der innen der Durchschlag am Blech entlanggleitet, werden Sie die kleine Beule im Blech sehen, die mit dem Durchschlag zurück wandert und den Rand weitet. Nach dem ersten Drückvorgang die Maschine ausschalten, den Erfolg messen und prüfen, ob der Deckel schon über die Dose passt. Ist er noch zu eng, wird der Vorgang wiederholt.

Sie werden erstaunt sein, wie einfach sich Blech verformen lässt. Beachten Sie aber auch die Verletzungsgefahr, die vom rotierenden Dosenblechrand ausgeht.

Wenn die Drückarbeiten am Rand beendet sind, bohren Sie mit dem Dreikantschaber die Bohrung für die Bundbuchse (Teil 27) in den Deckel. Vorgehen und Arbeitsweise sind die gleichen wie es für den Deckel der Dauerkonservendose oben beschrieben ist. Anschließend den Deckel von der Sperrholzscheibe abnehmen und das Bundlager ein-

pressen, ebenfalls in der bereits oben beschriebenen Art und Weise.
Falls sich der Dosendeckel bei Betrieb des Modells ständig bewegen und wölben sollte, ist ein 10 mm breites Stützsperrholz zwischen Deckel und Lagerbock einzuleimen!
Für den Fall, dass der Dosenboden der wiederverwerteten Altkonservendose beim Betrieb Geräusche erzeugt und Bewegungen ausführt, versteifen Sie den Boden durch Strecken des Bleches. Dazu wird der Durchschlag, unser Universalwerkzeug, mit dem Kopf nach oben so in den Schraubstock eingespannt, dass der Dosenboden der übergestülpten Dose auf dem Durchschlagkopf aufliegt. Nun kann der Dosenboden auf der Unterseite mit vielen leichten Hammerschlägen auf einer Fläche von 30 mm ϕ in der Mitte gestreckt werden. Es entsteht im Blech eine Wölbung, die den Boden versteift.

Bild 19:
Fertigung des Verdrängers: Hier wird der Blumensteckschwamm rund gedrechselt, so daß er genau in die Konservendose paßt.

Drechseln des Verdrängerkolbens

Der Verdrängerkolben aus Blumensteckschwamm ist auch ein Teil, das wir auf unserer improvisierten „Handbohrmaschinen-Drechselbank" fertigen.
Schneiden Sie mit einem scharfen Küchenmesser aus dem grauen oder hellbraunen Blumensteckschwamm einen Klotz mit den Maßen 110 x 110 mm, Höhe ca. 80 mm. Im Zentrum der Fläche von 110 x 110 mm wird nun mit einem 6 mm-Bohrer ein durchgehendes Loch in den Klotz gebohrt (mit Handbohrmaschine im Bohrständer). Achten Sie darauf, dass die Bohrung nicht durch einen schlagenden Bohrer zu groß wird!

Von dem Klotz sind die Ecken so abzuschneiden, dass ein achteckiger Körper mit einer Bohrung von 6 mm ϕ in der Mitte entsteht. Nun wird die Handbohrmaschine wieder an der Tischkante festgeschraubt und ein ca. 100 mm langes Stück Dübelholz (6 mm ϕ) in das Bohrfutter eingespannt. Das Bohrfutter bitte nicht mit roher Gewalt zuspannen. Das Dübelholz wird sonst total zusammengedrückt. Das freie Ende des Dübelholzes soll einigermaßen ruhig laufen, d.h. das Ende soll, wenn es sich dreht, keinen Kreis beschreiben.

Auf dem Außenring des Bohrfutters wird parallel zum Dübelholz als Mitnehmer für den Blumensteckschwamm zusätzlich ein Stück Silberstahlwelle (2 mm ϕ) befestigt (z.B. die Verdrängerstange Teil 5), und zwar wird sie mittels Klebeband festgeklebt.

Nun wird der zugeschnittene achteckige Blumensteckschwamm mit der 6 mm Bohrung auf das Dübelholz aufgeschoben und dabei die 2 mm Welle in den Steckschwamm gestochen, bis dieser am Bohrfutter anliegt. Den Werkzeugauflagewinkel, wie in Bild 19 gezeigt, vor den Schaumklotz spannen.

Die Schutzbrille aufsetzen und – zur Vermeidung von übermäßiger Staubentwicklung – von einer Hilfe den Staubsaugerschlauch in die Nähe des Drechselwerkzeuges halten lassen.

Die Bohrmaschine einschalten und den Schaumklotz mit 500 bis 600 Umdrehungen in der Minute rotieren lassen. Die angeschliffene Feile oder das Stemmeisen als Drechselwerkzeug dem Steckschwamm nähern und mit einer seitlichen Bewegung über den Auflagewinkel schieben. Die vorstehenden Ekken des grob zugeschnittenen künftigen Verdrängers werden abgehobelt. Den dabei entstehenden feinen Staub *sofort* mit dem Staubsauger absaugen (sonst könnte es Ärger mit der Ehefrau oder der Mutter geben)! Wenn Sie dabei den Zeigefinger unter dem Drechselwerkzeug als Anschlag an den Auflagewinkel anliegen lassen (siehe Bild 19), können Sie den Schaumklotz vollkommen gleichmäßig rund auf einen Durchmesser von ca. 105 mm überarbeiten. Auf der vorderen Stirnseite drechseln Sie in dieser Aufspannung auch gleich den konischen Freiraum mit einem Durchmesser von ca. 37,5 mm und 2,5 mm Tiefe.
Den auf 105 mm ϕ gedrechselten, nun schon bald als Verdrängerkolben erkennbaren Steckschwamm von der Bohrmaschine abziehen und die Verdrängerstange wieder vom Bohrfutter entfernen.

Wie bereits beschrieben, werden nun die 4 Bohrungen mit 22 bis 23 mm ϕ für den Regenerator ausgestochen. Als Werkzeug dient ein mit einer Ringschneide versehenes Stück Rohr, das eventuell von einer alten Fahrradluftpumpe abgesägt und zugefeilt wird. Mit einer drehenden Bewegung des Rohres lassen sich die Bohrungen in jeweils 3 bis 4 Arbeitsschritten ausstechen.

Aus dem noch im Bohrfutter eingespannten Dübelholz (6 mm ϕ) können Sie jetzt den Verdrängerkern (Teil 3) herstellen. In die Stirnseiten des Dübelholzstabes müssen die 15 mm tiefe und auf der Gegenseite die 6 mm tiefe Bohrung (2,1 mm ϕ) angebracht werden. Zuerst mit dem Dreikantschaber, wie beim Dosendeckel auf Seite 55 oben beschrieben, beide Seiten des auf 66 mm gekürzten Dübelholzes zentrieren, anschließend die Löcher bohren.
Am einfachsten ist es, das Dübelholz genau senkrecht in den Bohrschraubstock einzuspannen und im Bohrständer beide Löcher zu bohren. Die Verdrängerstange muss zum Einkleben lose in die 15 mm tiefe Bohrung passen. Die 6 mm tiefe Bohrung auf der Unterseite des Verdrängers ist als eventuelle Zentrierbohrung beim Drechseln des Verdrängers gedacht.
Falls Sie keinen 2,1 mm-Bohrer besitzen, klopfen Sie ein Stück der ϕ 2 mm Silberstahlwelle an einem Ende etwas breit und feilen es wie einen Bohrer an. Damit bohren Sie beide Löcher im Verdrängerkern auf 2,1 mm ∅ auf.
Anschließend wird die Verdrängerstange (Teil 5) mit Zweikomponenten-Kleber eingeklebt. Damit der Kleber auf der glatten Welle besser haftet, feilen Sie einige kleine Kerben in das Ende der Verdrängerstange, welches eingeklebt wird. Das Wellenende ist vor dem Einkleben mit Spiritus zu entfetten.
Den Kleber mit einem Draht oder ähnlichem in die Bohrung bringen und die mit Kerben versehene Verdrängerstange eindrücken, bis der überschüssige Kleber austritt. Die Verdrängerstange reinigen. Während der Kleber aushärtet, können Sie den Stützwinkel bohren.
Zu Ihrer Sicherheit hier noch einmal der Hinweis: Beim Arbeiten an der Drechselbank Schutzhandschuhe und Schutzbrille tragen!

Nun wird die Bohrmaschine wieder an der Tischkante befestigt (Bild 20) und ein 2 mm-Bohrer in das Bohrfutter eingespannt. Der Stützwinkel wird jetzt, auf dem Tisch aufliegend, gegen den Bohrer geschoben und durchbohrt. Dieses Loch wird mit dem selbstangefertigten Aufbohrer (2,1 mm ∅) nachgearbeitet. Das Stützlager („feststehende Lünette" wird es bei einer Drehmaschine genannt) ist fertig.

Die Verdrängerstange mit dem aufgeklebten Verdrängerkern, wie in Bild 20 gezeigt, durch die Bohrung im Stützwinkel stecken und in das Bohrfutter einspannen. Damit die Verdrängerstange nicht von den Backen des Bohrfutters beschädigt wird, sollte das Bohrfutter mit Gefühl gespannt werden. Der Stützwinkel, die Lünette, wird mit einer Schraubzwinge am Tisch festgeschraubt, ohne dabei die Verdrängerstange zu verbiegen. Wir brauchen eine Lünette, weil die lange Verdrängerstange nicht in das Bohrfutter geschoben werden kann. Zur Bearbeitung muss der Verdränger aber sicher gelagert sein.

Die Bohrmaschine langsam laufen lassen. Das freie Ende des Verdrängerkerns muss rund laufen, das bedeutet, das Ende darf keinen Kreis beschreiben. Geringfügige Fehler lassen sich eventuell durch leichtes Biegen der Verdrängerstange ausrichten. Das Biegen muss aber *unmittelbar* an der Klebestelle erfolgen. Dazu das Bohrfutter öffnen und die Verdrängerstange ausspannen. Die Bohrmaschine und den Stützwinkel *nicht* verändern.

Nun wird der Verdrängerkern mit der Verdrängerstange in den vorgedrechselten Verdrängerkolben nach Zeichnung, Seite 26, eingeklebt. In der Bohrung reichlich Kleber verwenden! Überschüssiger, austretender Kleber ist jedoch zu entfernen. Die Verdrängerstange muss bis an den Kern sauber und glatt sein!

Bild 20:
Die Verdrängerstange mit dem aufgeklebten Verdrängerkern ist – im Stützwinkel gelagert – im Bohrfutter eingespannt.

Bild 21:
Nun kann der auf den Verdrängerkern geklebte Verdrängerkolben auf den endgültigen Durchmesser (98 bzw. 97,5 mm, siehe Text) gearbeitet werden.

Auch an der Unterseite muss der überschüssige Kleber und etwas Blumensteckschwamm in der Umgebung des Kerns entfernt werden. Der mit dem Kleber vollgesogene Blumensteckschwamm wird nämlich nach dem Aushärten des Klebers sehr hart; das Abdrechseln der Unterseite des Verdrängers würde dann schwierig. Aus diesem Grund also den überschüssigen Kleber am Steckschwamm etwa 30 mm um den Kern herum durch Abschaben entfernen.

Nach dem Aushärten des Klebers kann der nun vollständige Verdränger, wie in Bild 21 gezeigt, eingespannt und auf einen Durchmesser von 98 mm für die Dauerkonservendose bzw. auf 97,5 mm für eine gewellte alte Konservendose überdrechselt werden. Anschließend wird der Werkzeugauflagewinkel vor die Stirnseite gespannt und auch die Unterseite des Verdrängers nach Zeichnung überarbeitet. Die Höhe im fertigen Zustand beträgt 73 mm.

Den Durchmesser des Verdrängerkolbens bitte unten um 5 mm kleiner ausführen (93 mm). Der Verdrängerkolben wird unten heißer als oben und dehnt sich dadurch stark aus. Er würde sonst an der Dosenwand streifen.

Beim Anfertigen von runden gedrechselten Teilen haben Sie jetzt schon Übung! Ich denke, dass ich die Bearbeitung des Schwungrades und der Riemenscheiben daher nicht mehr bis in alle Einzelheiten zu beschreiben brauche. Bild 22 zeigt, wie das Schwungrad auf der Vorrichtung aufgeschraubt ist. Für einen Reifen aus Flachmessing bleibt der Umfang glatt. Für einen Ring aus 4 mm-Draht muss eine Rille eingedreht werden. Mit der Riemenscheibe (Teil 33) verfahren Sie in gleicher Weise. Bearbeiten Sie den Außendurchmesser und die Bohrung in einer Aufspannung, damit das Schwungrad und die Riemenscheiben keinen Höhenschlag bekommen.

Die Drehzahl sollte beim Überarbeiten des Schwungrad-Außendurchmessers nicht zu hoch gewählt werden. Durch den großen Durchmesser ist die Umfangsgeschwindigkeit und damit die Schnittgeschwindigkeit am Drechseleisen groß, so dass die Werkzeuge unter Umständen heiss und schnell stumpf werden.

Denken Sie an Ihre Sicherheit, tragen Sie die Schutzbrille und Schutzhandschuhe!

Bild 22:
Bearbeiten des Schwungrades und der Riemenscheiben.

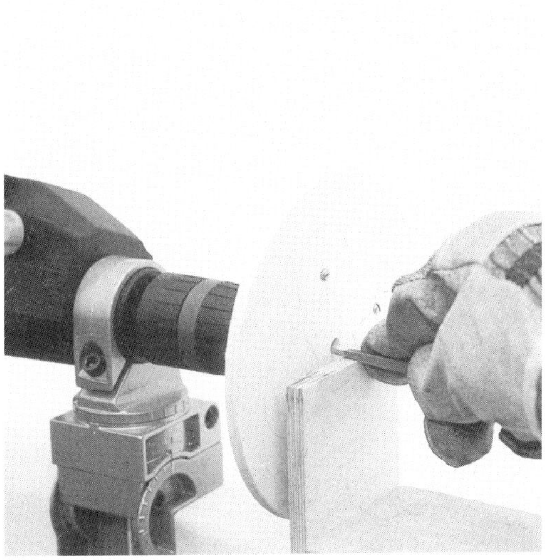

Die Leistung messen

Mit viel Fleiss und unter einigen Mühen, wahrscheinlich auch nicht ganz ohne Rückschläge und Misserfolge, haben Sie es geschafft, das Modell zu bauen. Sie sind nun Eigentümer einer Modell-Kraft-Wärme-Kopplungsanlage.
Wenn es für Sie von Interesse ist, können Sie einige Messungen an dem Stirlingmotor durchführen. Die erste hier beschriebene Untersuchung hat die Ermittlung der abgegebenen Leistung des Modells zum Ziel.
Die Messung von Strom und Spannung am Ausgang des Generators ist sehr einfach. Die so ermittelte Leistung ist jedoch nicht die Leistung des Motors, sondern ergibt einen um den Generatorwirkungsgrad verringerten Wert. In den Datenblättern für den Maxon-Motor, den wir als Generator verwenden, wird zwar für die Nennleistung beim Betrieb als Motor ein Wirkungsgrad von 70% angegeben; diese Angabe bezieht sich aber auf den Motorbetrieb und ist für den Betrieb als Generator – noch dazu mit der kleinen Drehzahl wie bei unserem Modell – nicht gültig.
Es lässt sich aber auch die Wellenleistung des Stirling-Motors mit geringem Aufwand und relativ genau ermitteln, indem ein Gegenstand mit bekanntem Gewicht an einem Faden hochgezogen wird. Die Leistung ist dann:

Leistung (Watt) =
= Gewicht (N) · Höhe (m) / Zeit (sec)
= 1N · 1m / 1 sec = 1 Watt

Montieren Sie dazu anstelle der Riemenscheibe eine kleine Wickeltrommel mit Klemmschraube auf die Welle unseres Modells. Die Wickeltrommel sollte nicht zu groß sein, damit das Gewicht nicht zu klein wird und die Zeit noch bequem mit einer Stoppuhr ermittelt werden kann. Wählen Sie einen Durchmesser der Wickeltrommel von 5 bis 6 mm und Nähgarn als „Zugseil".
Die Riemenscheibe kann für diese Messung als Umlenkrolle für das Zugseil dienen. Dazu wird ein Stück Welle (4 mm ϕ) in eine 4 mm Bohrung gesteckt, die seitlich in einem Holzklotz angebracht ist. Nun die Riemenscheibe lose auf dieses Wellenstück aufschieben und den Holzklotz mit einer Schraubzwinge an der Tischkante festspannen. Die Lagerstelle ölen, damit sich die Umlenkrolle leicht dreht und bei der Ermittlung der Motorleistung keinen großen Fehler verursacht.
Verwenden Sie als Last, die hochgezogen werden soll, einen Papp- oder Plastikbecher (Filmdose), den Sie mit Sand schwerer machen können, um die Belastung für den Motor zu verändern. Das Modell steht bei der Messung auf dem Heizuntersatz auf dem Tisch. Die Wickeltrommel kann sich noch lose auf der Welle drehen. Den Zugfaden an der Wickeltrommel befestigen und waagerecht über die Umlenkrolle und dann nach

Bild 23:
Die Anordnung zur Leistungsmessung an unserem Stirlingmotor-Modell.

unten zum Becher, der auf dem Fußboden steht, führen und daran festknüpfen.

Nun wird der Motor gestartet und warmlaufen gelassen, bis er eine konstante Drehzahl erreicht hat. Um die Leistungsmessung zu starten, den Motor nur ganz kurz anhalten, die Madenschraube in der Wickeltrommel festschrauben und den Motor sofort wieder starten.
Beginnen Sie die Zeitmessung erst, wenn die Last schon eine gewisse Strecke angehoben ist. Während die Last gehoben wird, das Modell festhalten, damit es nicht vom Tisch gleitet. Führen Sie die Messung mit unterschiedlichen Belastungen durch. Damit die Messergebnisse genauer werden, wiederholen Sie jeden Messvorgang einige Male und bilden einen Mittelwert (Bild 23).

Wenn die abgegebene Motorleistung ermittelt ist, könnte man auch den Wirkungsgrad bestimmen. Das Paraffin der Teelichte hat einen Heizwert von etwa 10 kWh/kg. Allerdings geht ein beträchtlicher Teil der vom Teelicht gelieferten Wärme ungenutzt durch Konvektion und Abstrahlung verloren. Daher liegt die Frage nahe: Wie lässt sich der Wirkungsgrad steigern?

Das Erreichte verbessern

Zur Verbesserung des Wirkungsgrades könnte die Dose im unteren Teil isoliert werden und im oberen, im kalten Teil des Stirlingmotors, ist die Kühlung zu optimieren. Der Erfolg dieser Maßnahmen lässt sich durch Temperaturmessungen überprüfen. Preiswerte elektrische Temperaturmessgeräte finden sich z.B. im Conrad Electronic Katalog; sie kosten mit Messfühler ca. 13 €.
Relativ einfach lässt sich die Kühlung verbessern, wenn Sie etwa 30 Stück Alu- oder Kupferblech-U-Profile, Schenkellänge 10 mm, Breite 10 mm, Länge 30 mm mit Siliconkleber um den oberen Konservendosenrand kleben. Diese Teile können Sie aus Alu-U-Profilstangen, erhältlich in Baumärkten, zurechtsägen. Kleben Sie die Teile mit dem Seitenschenkel an die Konservendose (Bild 24).
Mit einigem Aufwand ist es für handwerklich Geübte auch möglich, eine Wasserkühlung am oberen Teil der Konservendose anzubringen. Über einen Kühlwasserkreislauf kann die Abwärme dann zur Warmwasserbereitung genutzt und das warme Wasser in einem Wasserbehälter bereitgestellt werden. Dazu werden einige Windungen aus Kupferrohr (8 mm ϕ) oben um die Dose gewickelt und zur besseren Wärmeleitung mit Silicon angeklebt. Die Modell-Kraft (Strom)-Wärme-Kopplungsanlage ist damit komplett. Den Erfolg zeigt eine neue Messung des Wirkungsgrades mit der verbesserten Kühlung!

Bild 24:
Leistungssteigerung durch Anbringen von Kühlrippen auf der Oberseite der Konservendose.

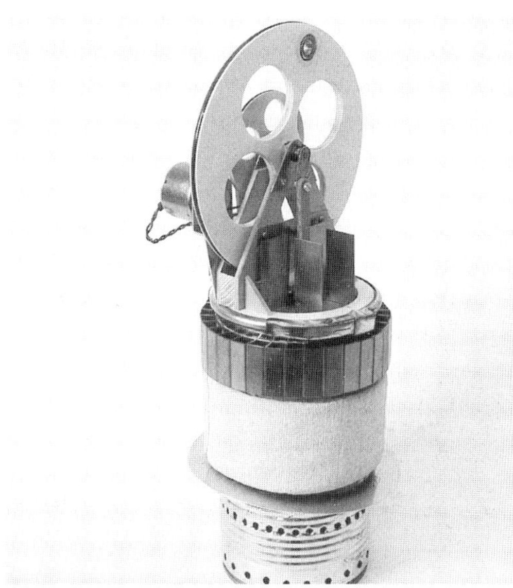

Wird der Stirlingmotor mit Pflanzenöl betrieben, entsteht für unsere Atmosphäre keine zusätzliche CO_2-Belastung. Bei der Verbrennung von Pflanzenöl wird zwar auch CO_2 frei; die gleiche Menge CO_2 wird aber in der nächsten Wachstumsperiode von den Öl erzeugenden Pflanzen wieder gebunden, so dass Erzeugung und Verbrennung von Pflanzenöl in einem CO_2-Kreislauf erfolgen.

Die Sonne anzapfen

Völlig ohne CO_2-Emissionen arbeitet das Stirlingmotor-Modell, wenn es mit konzentrierter Sonnenenergie betrieben wird. Bekleben Sie dazu eine Satelliten-Antennenschüssel im Zentrum, d.h. auf einer Fläche von 35 bis 40 cm Durchmesser, mit selbstklebender Spiegelfolie oder Haushalts-Alufolie. Bei Alufolie sollten Sie die Hochglanzseite nach oben bringen und Sprühkleber verwenden. Die Schüssel einsprühen und die Folie sorgfältig andrücken. Kleine Falten sind ohne Bedeutung.

Bild 25:
Der Konservendosen-Stirlingmotor im Brennpunkt eines Parabolspiegels, um Sonnenenergie als Antrieb zu nutzen.

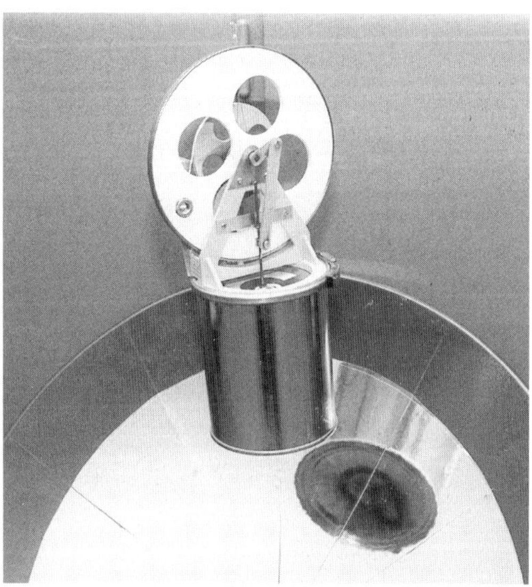

Für das Konservendosenmodell reicht zum Betrieb ein Sonnenspiegel mit einem Durchmesser von 35 bis 40 cm aus (Bild 25).
Bei voller Sonne ist die Heizleistung des selbstgebauten Satellitenschüssel-Sonnenspiegels sehr groß. Es besteht die Gefahr, dass das Modell zu heiß wird und der Verdränger aus Blumensteckschwamm verkohlt. Plazieren Sie das Modell einige Zentimeter über dem Brennfleck, um zu vermeiden, dass der Boden der Konservendose überhitzt wird.

Ich möchte Sie ausdrücklich warnen: Eine sorgfältig mit Spiegelfolie ausgeklebte Antennenschlüssel konzentriert die Sonnenstrahlung so stark, dass eine in den Brennfleck gehaltene Zeitung sofort in Flammen aufgeht und auch Holz entzündet werden kann. Mit dem Temperaturmessgerät VC 303 von Conrad Electronic können Sie die Temperatur im Brennpunkt unseres Satellitenschüssel-Sonnenspiegels messen. Sie werden erstaunt sein!

Satellitenantennenschüsseln sind zum Teil asymmetrisch geformt, d.h. der Brennpunkt liegt seitlich außerhalb der Einstrahlungsfläche. Das hat bei unserer Anwendung den Vorteil, dass das Modell, wenn es über dem Brennfleck steht, keinen Schatten auf den Spiegel wirft.
Fertigen Sie eine Halterung aus Holzleisten, in die die Satellitenschüssel gestellt werden kann. Die Halterung, auf die das Modell gestellt wird, muss aus Metall angefertigt sein; Holzleisten würden verbrennen. Der Spiegel muss der Sonne nachgeführt werden!
Auch mit Solarbetrieb lässt sich der Wirkungsgrad ermitteln. Über die Spiegelfläche ist die eingestrahlte Sonnenenergie errechenbar.

altenbalg für Konserverdosen-Stirlingmotor (luftdichtes Spezialpapier) M 1:1

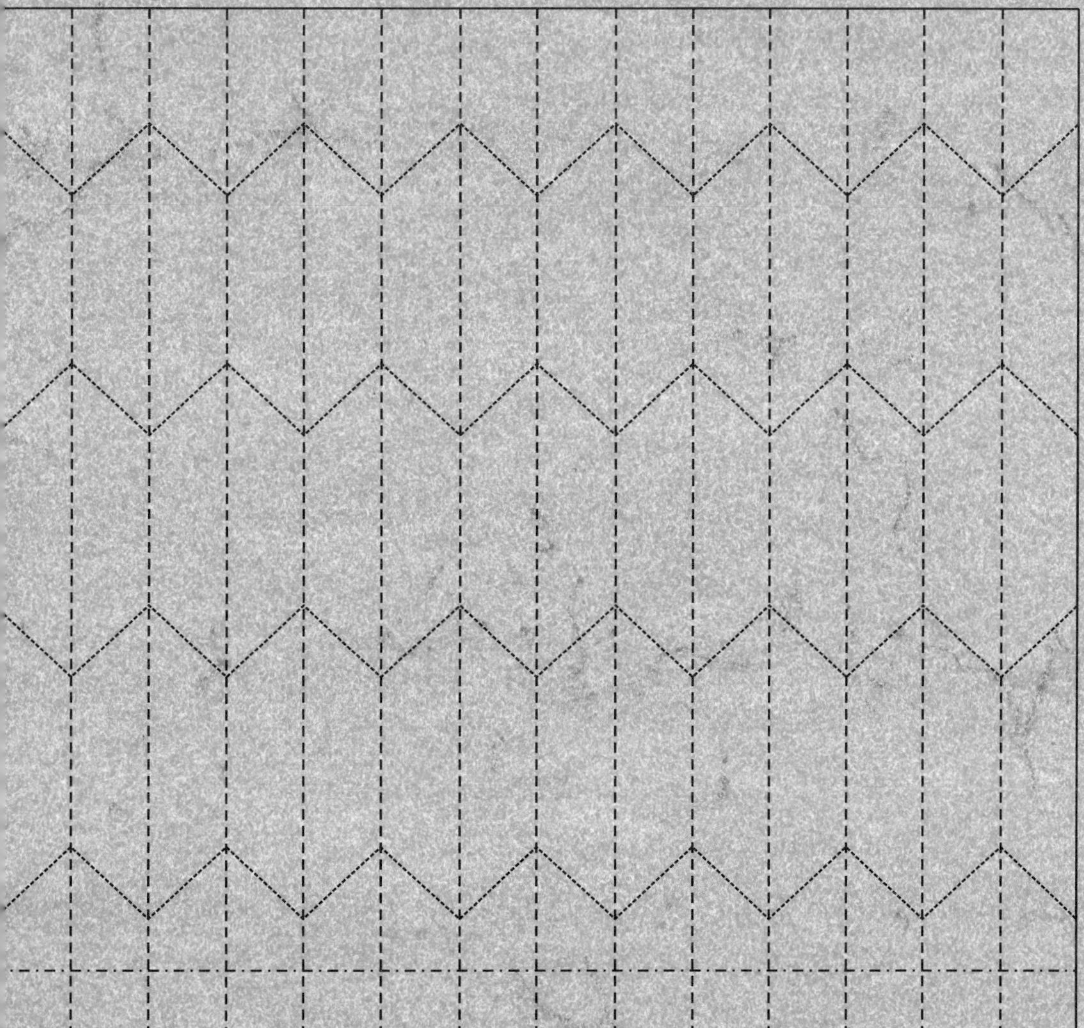

edruckte Seite ist Balgaußenseite

Faltenbalg 42 mm

uf diesen Linien mit der gut verrundeten Spitze eines Falzholzes,
- - - - - - auf einer Kartonunterlage einen Falz eindrücken,
· – · – · – Überlappung beim Verkleben,
———— an dieser Linie ausschneiden

Und noch zwei wichtige Hinweise:

- Bitte tragen Sie beim Hantieren mit dem Solarspiegel eine gute Sonnenbrille. Selbst dieser einfache selbstgebaute Sonnenkonzentrator erzeugt im Brennfleck eine so hohe Temperatur, dass Sie Verbrennungen an der Haut erleiden können. Greifen Sie niemals in den Brennfleck. Auch die Lederschutzhandschuhe bewahren Sie nicht vor Verbrennungen.
- Lassen Sie diesen Sonnenspiegel niemals unbeaufsichtigt in der Sonne oder dort, wo die Sonne hinwandert, stehen. Auch wenn die Sonne schräg auf diesen Spiegel scheint, entsteht außerhalb des Spiegels ein Brennfleck, der einen Brand auslösen könnte! Sie handeln in eigener Verantwortung, ich lehne ausdrücklich jede Verantwortung ab.

Das p-V-Diagramm in der Praxis

Eine weitere, recht anspruchsvolle Messaufgabe ist die Aufzeichnung eines p-V-Diagrammes von einem Stirlingmotor (siehe S. 17) mit einem Oszilloskop oder mit entsprechender Hard- und Software mittels PC. Bei dieser Messung muss die Druckänderung in der Maschine von einem Drucksensor (z.B. Conrad Electronic Katalog), der über einen dünnen Schlauch mit dem Innenraum der Konservendose verbunden ist, erfasst und in ein elektrisches Signal umgewandelt werden. Das Drucksignal steuert die Ablenkung des Elektronenstrahls im Oszilloskop oder am PC-Monitor in Y-Richtung. In X-Richtung wird der Elektronenstrahl von einem elektrischen Signal gesteuert, welches dem Drehwinkel des Schwungrades oder besser der Stellung des Verdrängerkolbens entspricht. Dieses Signal erzeugt man am einfachsten, indem ein linearer Weg-Geber vom selben Kurbelzapfen und mit der gleichen Pleuellänge wie der Verdrängerkolben angetrieben wird.
Einen preiswerten, käuflichen und noch dazu äußerst leichtgängigen Wegsensor für diesen Einsatz habe ich bisher leider noch nicht gefunden. Mit etwas Geschick lässt sich ein solcher Wegsensor aus einem Schiebepotentiometer (10 kΩ linear, z.B. Conrad Katalog) selbst anfertigen.
Um einen sehr leichtgängigen Schleifkontakt herzustellen, wird das Schiebepotentiometer zerlegt und nur der Widerstandsstreifen verwendet. Die elektrische Verbindung zum Schleifkontakt ist nun über eine leichte, dünne Litze oder eine lockere Drahtspirale herzustelllen. Eine halbe bis eine Stunde wird diese bewegliche Verbindung für die Messungen sicher durchhalten, bevor sie bricht. Mit einem solchen Wegsensor im Eigenbau habe ich das p-V-Diagramm von meinem Stirlingmotor ST 05 G aufgenommen.

Elektronik-Profis sind in der Lage, das Lagesignal des Verdrängerkolbens auch rein elektronisch zu erzeugen und in eine Spannung zum Steuern der X-Achse des Oszilloskopes umzusetzen. Um eine geeignete in den Nulldurchgängen synchronisierte Sinusspannung zu erzeugen, wird je eine Reflexmarke im oberen und unteren Totpunkt des Verdrängerkolbens auf das Schwungrad geklebt und damit eine Reflex-Lichtschranke gesteuert. Mit einem nachgeschalteten Flipflop (elektronischer Schalter) wird nun bei jeder Schwungradumdrehung eine Rechteckschwingung erzeugt und dieses Rechtecksignal elektronisch in eine Sinusspannung umgewandelt.
Für den hauptsächlich mechanisch begabten Stirlingmaschinenbauer ist dieser Vorschlag wahrscheinlich völlig unverständlich. Ein Elektronikfreak wird meiner Anregung sicher zu-

stimmen und kann Ihnen eventuell weiterhelfen. Einen kleinen Schönheitsfehler hat diese rein elektronische Lösung allerdings: Die Schaltung muss auf die Drehzahl abgeglichen werden. Denn die Breite des p-V-Diagrammes auf dem Bildschirm ändert sich mit der Drehzahl, da die Umwandlung eines Rechtecksignales in ein Sinussignal eine frequenzabhängige Ausgangsspannung liefert.

Der aus dem Widerstandsstreifen des Schiebepotentiometers gebaute Eigenbauwegsensor erzeugt auch ein Sinussignal. Dieses Sinussignal ist – bedingt durch die Pleuellänge – etwas verzerrt, entspricht aber der wahren Stellung des Verdrängerkolbens. Mit diesem Sensor wird auf dem Oszilloskop immer die tatsächliche Stellung des Verdrängerkolbens angezeigt, auch wenn die Maschine steht. Mit dem elektronisch erzeugten X-Signal entstehen Fehler und im Stillstand der Maschine ist die Stellung des Verdrängerkolbens nicht definiert.

Das Ergebnis dieser Messung ist eine Darstellung auf dem Oszilloskop oder auf dem PC-Monitor, die etwa dem realen Kreisprozess im p-V-Diagramm (Bild 9) entspricht. Der Leuchtpunkt auf dem Bildschirm umschreibt mit jeder Motorumdrehung einmal den realen Kreisprozess. Veränderungen der Heizleistung oder der Belastung am Stirlingmotor bewirken sofort eine Änderung der Höhe und der Form der Darstellung.

Aus meinen Beschreibungen und Hinweisen werden Sie sicher erkennen, dass diese Baubeschreibung nicht nur am Schreibtisch entstanden ist. Bis auf meinen Vorschlag zur elektrischen Erzeugung des X-Ablenksignals sind alle Arbeitsschritte erprobt und schon mehrfach ausgeführt worden.

Im nächsten Kapitel werde ich meinen Grundsatz, nur das zu veröffentlichen was ich auch selbst schon erprobt habe, ausnahmsweise einmal verlassen. Betrachten Sie die nächsten Seiten als Anregung und Aufforderung, selbst einen Stirlingmotor, der auch bereits etwas Leistung bringt, mit der nun gesammelten Erfahrung und im Rahmen Ihrer Möglichkeiten zu entwickeln und auch zu bauen. Die vorgeschlagene Ausführung soll dabei nur ein Denkanstoß sein. Sie können sehr viele Materialien und Teile, die nichts oder nur wenig kosten, für so ein Projekt einsetzen, und es wird Ihnen sicher eine Menge Spass und große Befriedigung bereiten.

Meine Bitte: Senden Sie mir Fotos Ihrer Entwicklungen mit einigen technischen Angaben. *Mein Versprechen*: In einer späteren überarbeiteten Ausgabe dieses Buches werde ich eine Auswahl Ihrer Leistungen vorstellen.

4 Leistung ist gefragt!

Bei Ihrer Suche nach einer Anleitung zum Selbstbau eines Stirlingmotors, der auch in der Lage ist, Nutzarbeit zu leisten, werden Sie in Büchern und Bauplänen nur Modelle gefunden haben.
Es ist richtig, dass der Stirlingmotor die einfachste Wärmekraftmaschine noch vor der Dampfmaschine ist. Die Beschreibung seiner Funktionsweise auf den Seiten 12 bis 17 zeigt das deutlich. Zu Recht wird ihm deshalb vorhergesagt, dass er die Antriebsmaschine des 21. Jahrhunderts wird. Die Dampfmaschine wird bei dieser Datierung dem 19. Jahrhundert zugerechnet und der Otto- und Dieselmotor dem 20. Jahrhundert.
Auch der Stirlingmotor ist in seiner üblichen Grundform als Kolbenmaschine aufgebaut und stellt mit der Zuführung von Energie durch die Zylinderwände von außen erhebliche Anforderungen an die Werkstoffe und seine Fertigung.
Der dicht und leicht gleitende Kolben ohne Verwendung von Schmierstoffen und die Abdichtung des Arbeitsdrucks des Gases (meist Helium) bis zu 150 bar im Inneren der Maschine bei Temperaturen der Zylinderwände bis zu 800°C sind Hürden, die es bei der Konstruktion und beim Bau eines Stirlingmotors zu nehmen gilt.

Bei meinem in der Einführung erwähnten 0,5 kW-Gammatyp-ST 05 G (technische Daten siehe unten) habe ich durch einige Abstriche bei der erzielbaren Leistung und durch die Verwendung von Luft als Arbeitsgas mit einem Druck von „nur" 10 bar sowie durch eine maximale Erhitzertemperatur von „nur" 550 bis 600°C einige Hürden zum Teil umgangen.

Wenn wir die Hürden noch weiter senken und Sie Lust haben weiterzumachen, möchte ich Sie ermuntern, die Kenntnisse und Erfahrungen, die Sie mit unserem Konservendosenmodell erworben und gesammelt haben, zur Konstruktion und eventuell sogar zum Bau eines Stirlingmotors einzusetzen, der auch etwas Nutzarbeit leisten kann.

Wir müssen uns bei diesem Vorhaben aber bewusst sein, dass wir mit unseren bescheidenen Mitteln keine HighTech-Stirlingmaschine hervorbringen können, die sich problemlos in unsere Hausheizung integrieren lässt. Es könnte jedoch ein Stirlingmotor zum Betrieb im Freien entstehen, der am Abend beim geselligen Zusammensein auf dem Zeltplatz Strom für Licht und Radiomusik erzeugt. Wird er mit selbstgesammelten, trokkenen Ästen befeuert, kann dabei sogar Lagerfeuerstimmung aufkommen. Die Vermittlung der Arbeitsweise des Stirlingmotors und seine Vorteile gegenüber anderen Wärmekraftmaschinen geschieht in dieser Atmosphäre fast von selbst.
Bei Veranstaltungen zum Thema regenerative Energie können Sie mit dieser einfachen Maschine Strom aus Biomasse erzeugen. Die Zusammenhänge, wie der Kohlenstoff aus dem CO_2 der Atmosphäre mit Sonnenenergie im Holz gepeichert wird und erst bei der Verbrennung des Holzes als CO_2 wieder in die Atmosphäre gelangt, können dabei einprägsam erklärt werden. Der zur Reduzierung von CO_2 in der Atmosphäre erforderliche CO_2-Kreislauf wird praktisch vorgeführt. Die Problematik der fossilen Brennstoffe erklärt sich dabei von selbst.

...KEI... E... PANIK... ALLES
...IM GRIFF... FÜR... BEVÖL-
KERUNG... KEINER ZEIT...
...GEFAHR...

Mit Sonnenschein Strom erzeugen

In sonnenverwöhnten Gegenden mit Brennholzmangel ließe sich diese Maschine auch mit umgekehrter Drehrichtung, oben beheizt und unten gekühlt, betreiben. Dazu muss das Schwungrad und der Lagerbock als schlanke, nur wenig Schatten erzeugende Konstruktion, ausgeführt werden. Um den Balg sollte ein Hitzeschild angebracht werden. Besser und wärmeverträglicher wäre sicher ein Antriebsbalg aus Leder.

Ein Kragen aus schräggestellten Spiegelblechen könnte die Sonne auf das oberen Teil konzentrieren. Zur Kühlung steht dieser Solar-Stirlingmotor in einem Bach, aus dem er Wasser pumpt, oder ist in feuchte Erde eingegraben. Diese Anordnung bräuchte in den Stunden mit hohem Sonnenstand nicht einmal der Sonne nachgeführt zu werden.
Der verwendete Gummi- oder Lederbalg ist dabei allerdings von innen und außen einer beträchtlichen Hitze ausgesetzt. Konzentrierte Sonnenstrahlung auf die Unterseite der Maschine, wie es beim Betrieb mit Beheizung durch Biomasse geschieht, wäre günstiger, macht aber eine aufwendige Spiegelkonstruktion erforderlich.
Eine lange Lebensdauer können wir von dieser Recyclingmaschine nicht erwarten. Das Bodenblech des Behälters wird in absehbarer Zeit durchgebrannt sein und der Balg hat garantiert kein ewiges Leben.

Solarzellen sind natürlich um einiges leistungsfähiger und langlebiger. Bereits ein Solarpanel hat die mehrfache Leistung unseres Einfach-Stirlingmotors. Versuchen Sie aber einmal, ein Solarzellenpanel selbst zu bauen! Auf dem Schrottplatz finden Sie solche Teile wahrscheinlich erst in dreißig Jahren, wenn überhaupt.

Wie geht es weiter?

Getrieben von dem Wunsch, an der unbefriedigenden Energiesituation mit den bekannten Folgen, wie Treibhauseffekt durch zu hohen CO_2-Ausstoß bei gleichzeitigem Raubbau an den Ressourcen oder wie der Atomenergienutzung mit den unkalkulierbaren Risiken und der ungelösten Endlagerung strahlender Abfälle über Zehntausende von Jahren etwas zu ändern, sind Sie auf den Stirlingmotor gestoßen.
Sie wissen dass der Wind an der Küste und an günstigen Binnenlandstandorten bereits einen spürbaren Anteil erneuerbare Energie liefert und auch noch ausbaufähig ist. Eine Windkraftanlage im eigenen Garten ist leider nicht bei vielen Leuten möglich. Ein Wasserlauf mit dem nötigen Gefälle zur Nutzung der Wasserkraft neben Ihrem Zaun ist auch recht selten.
Strom aus Solarzellen und von Sonnenkollektoren erzeugtes warmes Wasser ist im eigenen mit optimaler Wärmedämmung und mit energiesparenden Haushaltsgeräten ausgerüsteten Haus bereits Stand der Technik.
Sie wissen jetzt auch, dass Strom und Wärme aus gespeicherter Sonnenenergie in Form von Biomasse, insbesondere aus Holz, im Winter bei uns durch Kraft-Wärme-Kopplung z.B. mit dem Stirlingmotor erzeugt werden können. Dazu wird der Stirlingmotor in Zukunft CO_2-neutral und vollautomatisch mit Holzhackschnitzeln oder Holzpellets beheizt. Er treibt einen Generator an und erzeugt Strom zum eigenen Verbrauch oder zur Einspeisung ins öffentliche Stromnetz Ihres Energieversorgers.
Die Einspeisevergütung für regenerativ erzeugten Strom ist durch das Einspeisegesetz geregelt und garantiert. Von Energieversorgungsunternehmen, die kostendeckende Vergütung nach dem Aachener Modell gewäh-

ren, kann der aus Biomasse erzeugte Strom wie Strom aus Solarzellen mit bis zu 1 €/kWh vergütet werden.
Die im Kühlwasser des Stirlingmotors steckende Abwärme und die Abwärme aus den Verbrennungsabgasen wird über einen Wärmetauscher in die Hausheizung geleitet. Diese Technik ist bekannt und einen Stirlingmotor kann man auch in einer Größe bauen, die einen sinnvollen und wirtschaftlichen Betrieb in einem Einfamilienhaus ermöglicht.
Leider ist ein derartiger Stirlingmotor noch nicht im Handel. Bei der Firma Solo Kleinmotoren in Sindelfingen wird eine gasbetriebene Kraft-Wärme-Kopplungsanlage mit Stirlingmotor für Mehrfamilienhäuser und Wohnanlagen mit einer elektrischen Leistung von 9 kW gefertigt.

Von Stirlingmotoren mit einer Leistung von 20 kW, 40 kW bis zu 600 kW wird in der Fachliteratur berichtet. Käuflich ist zur Zeit nur das gasbetriebene BHKW mit Stirlingmotor der Firma Solo (Bild 26).

Bild 26:
Gas-BHKW mit Solo-Stirling-Motor.
Photo: Stefan Viebach

Der Stirlingmotor bietet ein unerschöpfliches Betätigungsfeld für Ingenieurstudenten, Entwickler und weitblickende Firmen, um den technologischen Rückstand gegenüber dem Otto- und Dieselmotor aufzuholen. Auch die Forschungspolitik hat diese Notwendigkeit erkannt und fördert Stirlingprojekte.

Dem Ziel einen Schritt näher

Als erfahrener Maschinenbauer, Werkzeugmacher, Dreher, Fräser oder als fortgeschrittener Auszubildender in einem dieser Berufe, sicher auch als gewiefter Modellbauer werden Sie meine Vorschläge für den Einfachst-Stirlingmotor schmunzelnd gelesen haben. Für den häuslichen Einsatz ist er nicht brauchbar.
Wenn Sie eine gut eingerichtete Werkstatt besitzen und einen Stirlingmotor bauen und betreiben wollen, der 0,5 kW leistet, möchte ich Sie auf meinen ST 05 G, einen Gammatyp, aufmerksam machen.
Zum Bau dieses Stirlingmotors können Sie einen kompletten Zeichnungssatz beziehen, zur Fertigstellung des Motors müssen die Teile nach den Zeichnungen angefertigt werden. Es kommen vorwiegend Normteile und übliche Halbzeuge wie V4A-Rohr zum Einsatz.

Das Know-how zum Bau dieses Stirlingmotors gebe ich in meinen „Ringinformationen - Erfahrungen und Tips zum Bau und Betrieb des Stirlingmotors ST 05 G“ weiter. 6 Ausgaben sind bereits erschienen, die 7. Ausgabe findet sich jetzt im Internet für jeden zum kostenlosen Ausdruck unter www.geocities.com/viebachstirling. Zum Öffnen bitte „Know-how“ anklicken.

Die gesammelten Ringinformationen Nr. 1 bis 8 und viele Informationen zum Einsatz und Betrieb eines Stirlingmotors zusammen mit einem 12-Minuten-Videokönnen Sie als CD-ROM bei mir beziehen.

Die Themen:

- Die Anfertigung des Kühlers aus Kupferblech-Lamellen und ein Bauvorschlag für einen (Propan-) Gasbrenner mit Abgas-Gegenstrom-Wärmetauscher zur Verbrennungsluftvorwärmung.
- Eine Liste der Leute, die den ST 05 G bauen oder bei denen der Motor bereits läuft.
- Tips zur Bearbeitung des Kurbelgehäuses.
- Der Pronysche Bremszaum, mit dem die Leistung des Motors einfach ermittelt werden kann.
- Wer kann welches Teil liefern oder anfertigen, mit Preisen.
- Die Anfertigung der Kurbelwelle und die Bearbeitung der Pleuel.
- Die Bestimmung der Strömungswiderstände von Erhitzer, Kühler und Regenerator mit der Bauanleitung für die 2 erforderlichen Druckmessgeräte.
- Die Liste der Motorbauer wird ergänzt.
- Eine geklebte Version des Kühlers mit Alublechlamellen.
- Eine Zeichnung für das Kühlerlamellen-Prägewerkzeug.
- Ein Bauvorschlag für eine Wellendichtung.
- Maßnahmen, mit denen die Drehzahl und damit die Leistung des Motors erhöht werden können, mit Zeichnungen.
- Der ST 05 G als Kältemaschine kann Temperaturen bis -100°C erzeugen.
- Erfahrungsberichte über bereits laufende Motoren.
- Diagramme, aus denen die Strömungsverluste der verschiedenen Motorbauteile zu ersehen sind.
- Die Auswuchtung des Motors.
- Unser Computersimulations- und Berechnungsprogramm.
- Erfahrungsberichte zum Betrieb mit Propangas in einem Haus ohne Netzanschluss zur Unterstützung der Photovoltaikanlage.
- Der automatische Betrieb mit Holzhackschnitzeln in einem Einfamilienhaus. Die Abwärme wird bei beiden Anlagen zur Heizung und Warmwasserbereitung verwendet.
- Der Betrieb auf einem einfachen Werkstatt-(Holz)ofen mit Stückholz und manueller Beschickung. Früher waren diese Öfen rund und hießen Kanonenofen.
- Der Betrieb in einem Solarhohlspiegel und einem Fixfokussolarkonzentrator mit konzentrierter Sonnenenergie.
- Versuche mit dem ST 05 G zur Raumklimatisierung.

Für den nach den Zeichnungsunterlagen gebauten Stirlingmotor ST 05 G gebe ich eine Funktionsgarantie. Eine Garantie für die abgegebene Leistung kann ich nicht geben, da sie von baubedingten Faktoren abhängig ist. Eine Lehr- und Informations-DVD (45 Minuten) „Der Stirlingmotor ST 05 G“ steht zur Verfügung. Die Funktionsweise des Stirlingmotors wird mit einer Computeranimation gezeigt und erklärt. Der ST 05 G ist in Teilen und im Betrieb zu sehen und zu hören.
Zum Bau des Motors müssen Dreh-, Fräs- und WIG-Schweißarbeiten ausgeführt werden. Sie können den Zeichnungssatz, 60 Zeichnungen, 4 Stücklisten, 4 Materiallisten und 4 Seiten Fertigungs- und Prüfanweisung erwerben. Für einen Außenläufer-Synchrongenerator als Schwungrad im hermetisch dichten Druckgehäuse sind Zeichnungen verfügbar.

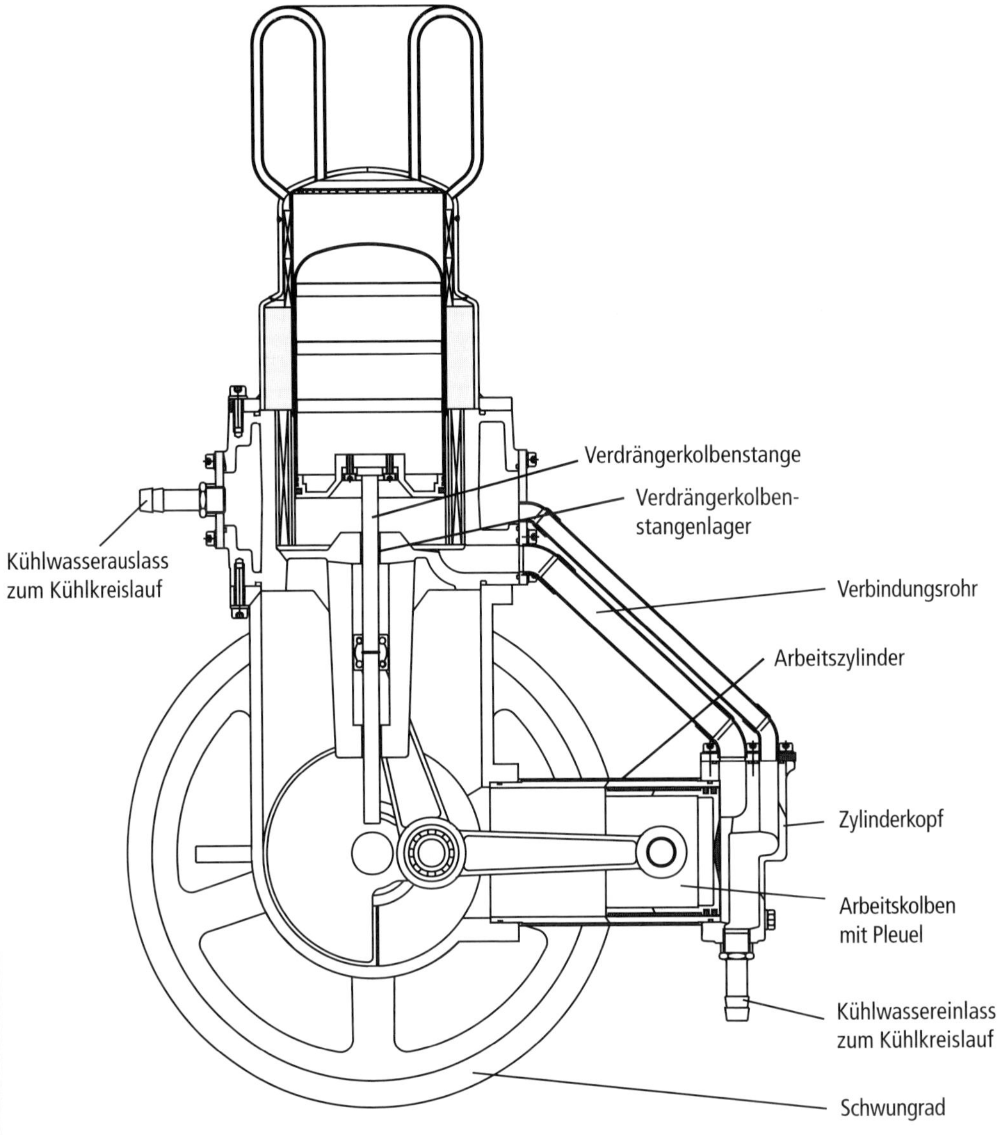

Der ST 05 G im Querschnitt

Bild 27: Der Stirlingmotor ST 05 G, Leistung 350 - 500 Watt, gebaut aus käuflichen Alugußund sonstigen Normteilen. Die Gussteile sind wegen mangelnder nachfrage nicht mehr lieferbar.

Technische Daten

Abmessungen und Gewichte

Höhe:	ca. 600 mm
Grundfläche:	ca. 350 x 300 mm
Gewicht, Ausführung in Aluguß:	ca. 20 kg
Schwungrad (Masse 7,5 kg):	∅ 280 mm
Arbeitskolbendurchmesser:	80 mm
Verdrängerkolbendurchmesser:	96 mm
Hub:	75 mm

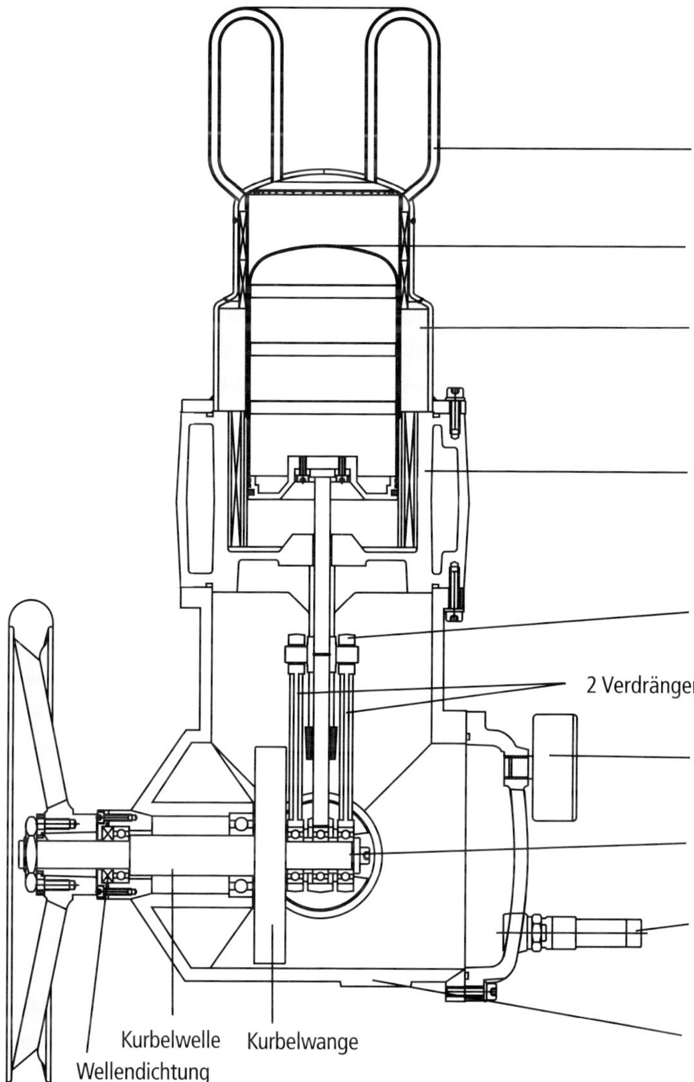

Der ST 05 G im Längsschnitt

Eigenschaften

Arbeitsmedium:	Luft
Betriebsdruck:	bis 10 bar
Maschinenwirkungsgrad (ohne Brenner)	22%
(als Kältemaschine mit Luft als Arbeitsgas bei -100°C)	
Heizung:	beliebig (Prototyp mit Propangas)
Kühlung:	Wasserkühlung
Erhitzerkopftemperatur	550 - 600°C
Gasverbrauch ohne Verbrennungsluftvorwärmung:	225 g/h bei 300 W_{mech}
Leerlaufdrehzahl:	ca. 600 Umdr/ Min
Drehmoment:	8 Nm
Leistung (geplant):	300 - 500W
- bisher gemessen mit 10 bar	505 Watt

Bild 28:
Der Stirlingmotor ST05G.

Bild 29:
Der ST 05G in einem Holzheizkessel.
Photo: Klaus Kramer, Berlin

Bild 30:
Der Stirlingmotor dient hier, gasbetrieben, zur Unterstützung der Photovoltaikanlage (Stromerzeugung). Photo: Uwe Moch, Hannover

Die Nutzung erneuerbarer Energiequellen und der Stirling-Motor

Wir wissen, die Ressourcen der Erde sind begrenzt. Die Atmosphäre ist bereits in hohem Maße belastet. Die Atemluft in Ballungsgebieten ist für viele Menschen gesundheitlich zum Risiko geworden.

Wir sollten wieder lernen mit erneuerbarer Energie zu leben: Sonne, Wind, Wasser und Biomasse. Sie werden uns täglich neu geschenkt und befreien uns von den unkalkulierbaren Risiken und ungelösten Problemen der Atomenergie.

Kohle, Erdöl und im geringeren Maße auch Erdgas belasten unsere Atmosphäre mit CO_2 durch die Verbrennung von Kohlenstoff, den die Evolution bei der Schaffung unseres Klimas der Atmosphäre entzogen und in den fossilen Energieträgern in der Erde entsorgt hatte.

Mit der Verbrennung von dem in fossilen Lagerstätten gebundenen Kohlenstoff und der Freisetzung als CO_2 machen wir das, was die Natur in Jahrmillionen geleistet hat, in wenigen Jahren rückgängig und verändern mit vollem Wissen unser Klima durch den CO_2-bedingten Treibhauseffekt.

Als Bewohner der Industrieländer und Hauptluftverschmutzer verfügen wir über Kenntnisse, Ausbildung und technische Möglichkeiten neue Wege zu gehen. Es kann durchaus sein, dass wir eines Tages froh darüber sind, einen Einfachstirlingmotor bauen zu können, der in der Lage ist, Strom für den Betrieb unserer hochmodernen Heizungen zu erzeugen, die selbst bei randvollem Öltank ohne Strom keine Wärme zu liefern vermögen.

Dass bei den „Großen" nicht alles ohne Pannen abläuft, hat die Vergangenheit oft gezeigt. Auch in Katastrophenplänen kann nur das erfasst werden, mit dem bereits gerechnet wurde. Allzu großes Vertrauen in zentrale Versorgungen, ob bei der Energiegewinnung oder in anderen Bereichen, könnte leicht zu Enttäuschungen führen. Der Mut und der Schritt zur Dezentalisierung ist heute nur folgerichtig. Kurze Wege ersparen unnötige Leitungs- und Transportverluste.
Die Hoffnung besteht, dass wir als einsichtige Menschen dazu lernen. Der mit Biomasse oder Sonnenenergie beheizte Stirlingmotor ist ein kleiner Schritt dazu!
Eine Weiterentwicklung ist der ST 05G-G, ein Stirlingmotor mit integriertem Synchrongenerator als hermetisch dichte Einheit zur Stromerzeugung mit Biomassefeuerung. Mehr darüber im Internet unter www.geocities.com/viebachstirling.

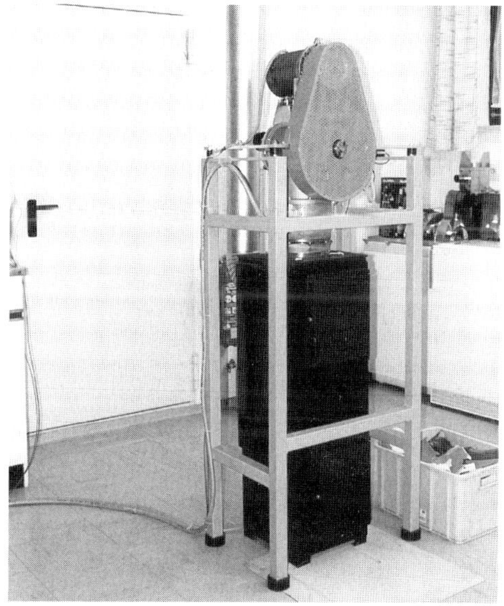

Bild 31:
Der ST 05G auf einem Werkstattofen montiert.

Bild 32:
Der ST 05G, im Brennpunkt eines Parabolspiegels montiert, wandelt Sonnenenergie in Strom um.
Photo: Eckard Weber, Nürnberg

Bild 33:
Der ST 05G als Kältemaschine.
Photo: Tim Lohrmann, Schwerte

Auf den bisherigen Seiten dieses Büchleins habe ich die Funktionsweise eines Stirlingmotors erklärt. Sie kennen jetzt das Funktionsprinzip, und ich hoffe, dass Sie es auch schon geschafft haben, das Konservendosenmodell zu bauen und erfolgreich in Betrieb zu nehmen.
Sollten Sie die zum Bau des Modells erforderliche Zeit nicht aufbringen können oder sollte Ihre Werkstattausrüstung für die durchzuführenden Arbeiten nicht geeignet sein, finden Sie in dieser Ausgabe ab Seite 99 die Beschreibung eines neuen Modells. Für dieses Modell habe ich zusammen mit einem Modellbauversand, der sich auf Stirlingmotormodelle spezialisiert hat, einen Bausatz entwickelt, der alle Teile enthält. Damit kann in wenigen Stunden ein mit einem Teelicht betriebenes, etwa 30 cm hohes Stirlingmotormodell zusammengebaut werden.
Falls Sie das bisherige Modell mit dem Faltenbalg schon selbst gebaut haben, werden Sie beim Bau des Modells und beim Durcharbeiten dieses Buches erstaunt gewesen sein, zu erfahren, dass ein Stirlingmodellmotor mit so einfachen Materialien, Werkzeugen und ein wenig handwerklichem Können und Geschick gebaut werden kann.

Diese Motoren funktionieren und geben auch etwas nutzbare Arbeit ab. Versucht man dagegen einen Benzin-(Otto-)Motor oder einen Dieselmotor als Modell oder in einer kleinen Ausführung zu bauen, müssen wir feststellen, dass dieses Vorhaben mit vergleichsweise einfacher Ausrüstung und einfachem Material nicht möglich ist.
Beim Selbstbau des Konservendosenmodells kommt man zwangsläufig zu der Überzeugung, dass mit dem „problemlosen und einfachen Stirlingmotor" die meisten anstehenden Umweltprobleme eigentlich lösbar sein müssten.
Dass das möglich ist, zeigen der 0,5 kW Stirlingmotor ST 05 G (Seite 78-79) und die bereits ausgeführten Anlagen (siehe Seiten 76, 80 und 81). Weil Stirlingmotoren, im Gegensatz zu Otto- und Dieselmotoren, als Prototypen und in Kleinserien einfach und fast in jeder Werkstatt gebaut werden können, eilt dem Stirlingmotor der Ruf voraus, er sei der einfachste und billigste Alleskönner unter den Wärmekraftmaschinen. Als Ursache dafür, dass er auf dem Markt noch nicht verbreitet ist und in großen Stückzahlen gebaut und eingesetzt wird, wird sogar vermutet, dass er von der Industrie und „dunklen Mächten" unterdrückt wird.

5 Grundsätzliches zum Bau und Betrieb eines Stirlingmotors

Grundlagen

Der Stirlingmotor ist eine Kolben-Wärmekraftmaschine, die aus dem Temperaturgefälle zwischen dem aufgeheizten und dem gekühlten Teil der Maschine mechanische Arbeit erzeugt. Dabei wird eine in der Maschine eingeschlossene Gasmenge, die sich nicht verbraucht, im Takt der Drehzahl des Stirlingmotors aufgeheizt und wieder abgekühlt. Die Wärmezufuhr und -übertragung auf das Arbeitsgas erfolgt von außen, bei einfachen Motoren durch die Zylinderwand des *heißen Zylinders*, bei leistungsfähigen Motoren in der Regel durch die Wandung des *Erhitzers*.
Bei einfachen Stirlingmotoren besteht das Arbeitsgas aus Luft oder Stickstoff, bei Stirlingmotoren mit größerer Leistung wird Helium oder Wasserstoff eingesetzt. Die durch das Aufheizen und Abkühlen im Arbeitsgas entstehenden Druckänderungen (heißes Gas dehnt sich aus, kaltes zieht sich zusammen) werden von einem Kolben, der in der Regel über ein Pleuel eine Kurbelwelle antreibt, in mechanische Arbeit umgewandelt.
Bei Modellstirlingmotoren und Motoren kleinerer Leistung hat das Arbeitsgas atmosphärischen Druck. Zur Steigerung der Leistung kann der *Arbeitsgasdruck* auf bis zu 150 bar erhöht werden. Durch die Drucksteigerung wird die Gasmenge in der Maschine erhöht. Beispielsweise arbeitet der ST 05 G mit 10 bar und dem Arbeitsgas Luft, der Solo V 161 mit bis zu 150 bar und Helium als Arbeitsgas.
Um das zum Betrieb des Stirlingmotors nötige *Temperaturgefälle* zu erzeugen, muss der Motor neben dem Erhitzer einen *Kühler* besitzen. Der Wirkungsgrad des Stirlingmotors steigt mit zunehmendem Temperaturgefälle zwischen Erhitzer und Kühler.
Der Kühler führt den Teil der zugeführten Wärme, die nicht in mechanische Energie umgewandelt und nicht im *Regenerator* zwischengespeichert wurde, mit dem Kühlwasser ab. Diese Wärme kann als Heizenergie durch den *Kühlkreislauf* ausgekoppelt werden.
Der Regenerator ist ein Kurzzeitwärmespeicher. Er ist dem Kühler vorgeschaltet und entzieht dem Arbeitsgas Wärme, bevor es in den Kühler strömt. Auf dem Weg vom Kühler zurück zum Erhitzer wird das Arbeitsgas vom Regenerator vorgewärmt. Der Regenerator ist eines der wichtigsten Bauteile des Stirlingmotors.

Konfigurationen, in denen Stirlingmotoren gebaut werden

(*kursiv* hervorgehobene Begriffe siehe Kasten Seite 90 ff. und Bild 27 auf Seite 78 und 79)
Stirlingmotoren werden mit drei unterschiedlichen Zylinderanordnungen gebaut. Man unterscheidet in:

Alpha-Typ

Er ist in der Regel aus einem heißen und einem *kalten Zylinder* aufgebaut. Die Zylinder sind durch den Erhitzer, Regenerator und Kühler verbunden. Die Kolbenbewegung, die das Arbeitsgas in den Zylindern, durch den Erhitzer, Regenerator und Kühler und zurück verschiebt, besitzt eine Phasenverschiebung von etwa 90°. Diese Phasenverschiebung wird bei einfachen Stirlingmotoren durch die Anordnung der Zylinder mit dem entsprechenden Winkel zueinander und mit einer

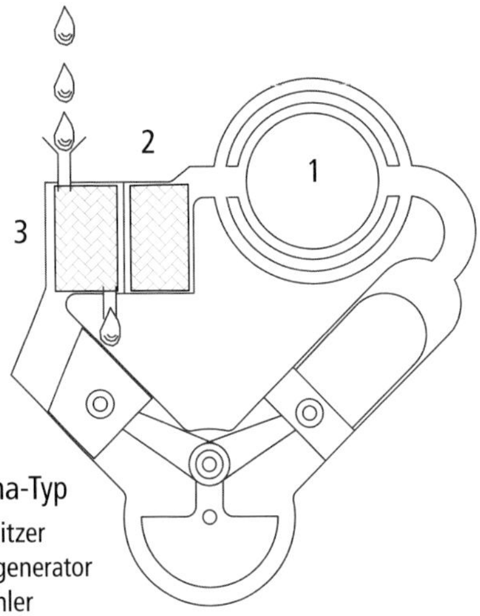

Alpha-Typ
1 Erhitzer
2 Regenerator
3 Kühler

Kurbelwelle mit nur einem *Kurbelzapfen* erreicht. Der Solo V 160 und der Sunmachine STM sind Alpha-Typen.

Beta-Typ

Bei ihm sind 2 Kolben in einem Zylinder angeordnet. Bei einfachen Stirlingmotoren wird die geschlossene Seite des Zylinders erwärmt. Bei Leistungsstirlingmotoren wird die Wärme durch die Wandung eines Erhitzers, der in der Regel aus einer Anzahl parallel geschalteter Röhren besteht und an der heißen Seite des Zylinders angeordnet ist, auf das Arbeitsgas übertragen. Das Arbeitsgas wird beim Beta-Typ durch den heißen Kolben, er ist ein *Verdrängerkolben*, von seiner Oberseite durch den Erhitzer, Regenerator und Kühler in den *Arbeitsraum* und zurück verschoben. Der Arbeitsraum wird durch die Unterseite des Verdrängerkolbens und den in der Regel darunter angeordneten *Arbeitskolben* gebildet. Die Kolbenbewegung erfolgt mit einer Phasenverschiebung von etwa 90°. Diese Phasenverschiebung der Kolben wird in der einfachsten Anordnung mit einer zweifach gekröpften Kurbelwelle erreicht.

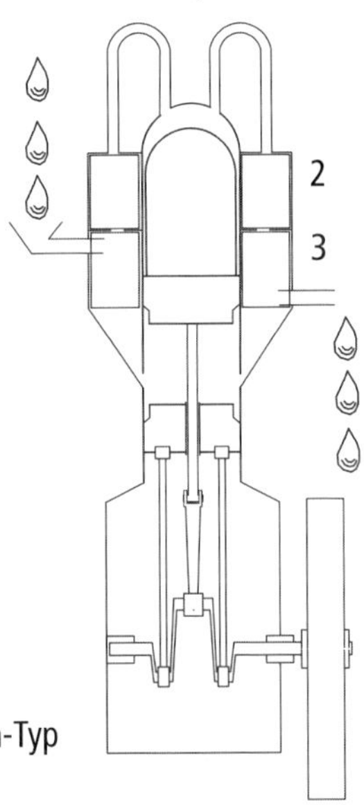

Beta-Typ

Zur Kolbensteuerung sind neben einer Kurbelwelle außerdem gebräuchlich: Eine Kurbelwelle mit zusätzlichen *Lenkhebeln*, das *Rhombengetriebe*, *Ross-Choc* und andere. Der Beta-Typ lässt sich mit dem kleinstem *Schadraum (Totraum)* ausführen, was sich günstig auf die Leistungsdichte des Motors auswirkt. Beta-Typ-Stirlingmotoren wurden von der Firma Philips in Holland gebaut, z.B. der 102 C mit ca. 300 Watt (vgl. „Stirling-Maschinen" von Martin Werdich und Kuno Kübler, S. 14 und 62, erschienen im ökobuch Verlag. 11. überarbeitet Auflage 2007).

Der Gamma-Typ

Der Urstirlingmotor von Robert Stirling wurde 1816 als Gamma-Typ gebaut. Er besitzt zwei Zylinder. In der einfachsten Bauform verschiebt der Verdrängerkolben im heißen Zylinder das Arbeitsgas von seiner verschlossenen und beheizten Oberseite - diese Seite entspricht dem Erhitzer - durch einen Ringspalt zwischen Verdrängerkolben und Zylinderwand oder durch Bohrungen im Verdrängerkolben zu seiner gekühlten Unterseite. Im Ringspalt um den Verdrängerkolben oder in den Bohrungen im Verdränger ist ein einfacher Regenerator angeordnet. (vgl. Seite

15 und 16). Bei Motoren mit höherer Leistung besteht der Erhitzer aus parallel angeordneten Röhren. An seiner gekühlten Unterseite ist dieser Zylinder mit einem gasdichten Lager für die *Verdrängerkolbenstange* verschlossen.
Bei Leistungsstirlingmotoren ist der Regenerator in den Arbeitsgasweg zwischen Erhitzer und Kühler eingebaut.
Der gekühlte Raum unter dem Verdrängerkolben - er entspricht dem Kühler bei Leistungsstirlingmotoren - ist über ein Verbindungsrohr mit dem Arbeitszylinder verbunden. Die Bewegungen von Verdrängerkolben und Arbeitskolben haben eine Phasenverschiebung von etwa 90° zueinander. Dieser Winkel kann durch die Anordnung der Zylinder in einem Winkel von 90° zueinander oder bei nebeneinander liegenden Zylindern durch eine zweifach gekröpfte Kurbelwelle erreicht werden.
Stirlingmotoren mit kleiner bis mittlerer Leistung werden in der Regel mit Arbeitsgasdruck beaufschlagten Kurbelgehäusen gebaut. Bei ihnen entspricht der Druck im *Kurbelgehäuse* dem mittleren Druck des Arbeitsgases. Diese Motoren arbeiten ohne Schmieröl im Kurbelgehäuse als *Trockenläufer*. Das Kurbelgehäuse bildet den *Pufferraum* für das Arbeitsgas. Das aus dem Kurbelgehäuse ragende Kurbelwellenende zur Abgabe der mechanischen Energie muss zur Vermeidung von Arbeitsgasverlusten mit einer *Wellendichtung* versehen werden.
Stirlingmotoren höherer Leistung arbeiten mit drucklosem Kurbelgehäuse. Die Kurbelwelle mit den Lagern der *Pleuel* und die erforderlichen *Kreuzköpfe* laufen im Ölbad.
Diese Motoren müssen mit aufwendigen öl- und gasdichten *Kolbenstangendichtungen* ausgerüstet sein.
Beim Alpha-Typ mit drucklosem Kurbelgehäuse ist der Raum unter beiden Kolben mit

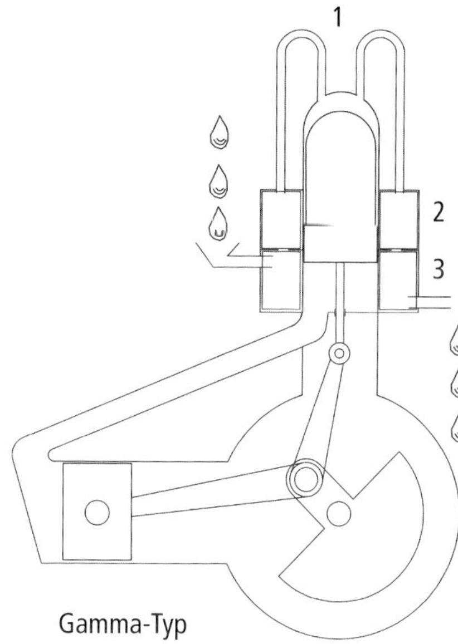

Gamma-Typ

einem Pufferraum verbunden. Auch beim Beta- und Gamma-Typ ist bei Motoren mit drucklosem Kurbelgehäuse ein Pufferraum unter den Arbeitskolben erforderlich.
Zur schnellen Leistungsregelung wird bei Stirlingmotoren mit größerer Leistung der Arbeitsgasdruck verändert, erhöht zur Leistungssteigerung und abgesenkt, um die Leistung zu reduzieren. Die zugeführte Heizenergie muss dabei im gleichen Maße mit verändert werden.
Das Arbeitsgas wird dabei mit einer Pumpe aus dem Arbeitsraum des Motor in einen *Vorratsbehälter* oder wieder zurück gepumpt.

Der Wirkungsgrad

Der Wirkungsgrad eines Stirlingmotors ist definiert als die abgegebene mechanische Leistung geteilt durch die als Wärme aufgenommene Leistung. Der Wirkungsgrad der zur Wärmeerzeugung und Zuführung erforderlichen Maschinenteile ist in dieser Angabe nicht enthalten. Der Wirkungsgrad erreicht bei Niedertemperatur-Stirlingmotoren 2 - 5%, HighTech-Stirlingmotoren erreichen

Werte von über 50% und können sich diesbezüglich mit Dieselmotoren messen.
Der Wirkungsgrad eines Stirlingmotor-BHKW zur Stromerzeugung aus fossilen Energieträgern, Biomasse, Biogas oder Sonnenwärme setzt sich aus mehreren Einzelwirkungsgraden zusammen, mit etwa folgenden Werten:

- Der Wirkungsgrad der Feuerung zur Beheizung eines Stirlingmotors ohne Luftvorwärmung erreicht beim einfachen Ofen 30%, beim Kachelofen 50% und beim Heizkessel 60%; ein für den Stirlingmotor optimierter Hackschnitzel- oder Pelletbrenner mit Luftvorwärmung erreicht sogar 90%.
- Beim Betrieb mit Sonnenwärme kann für einen Flachkollektor als Strahlungsaufnehmer ein Wirkungsgrad von 50% bei direkter Bestrahlung angesetzt werden, ein der Sonne nachgeführter Parabolspiegel erreicht 90%.
- Der physikalisch bedingte thermodynamische Wirkungsgrad nach Carnot (Carnotscher Kreisprozess, ein wichtiger Begriff in der Thermodynamik), der sich aus dem Temperaturgefälle zwischen heißem und kaltem Arbeitsgas ergibt, liegt bei Niedertemperatur-Stirlingmotoren bei 20%, bei Stirlingmotoren mit einem Temperaturgefälle von 800 K und höher sind es 70%.
- Bedingt durch Wärmeleitungs- und Verluste des Regenerators und des Kühlers erreicht der thermische Wirkungsgrad von einfachen Stirlingmotoren 40%, der von HighTech-Maschinen 70% des (maximal möglichen) Carnot-Wirkungsgrades.
- Der mechanische Wirkungsgrad erreicht bei einfachen Stirlingmotoren ca. 70%, bei HighTech-Stirlingmotoren bis zu 95%.
- Am Ende der Kette ist bei der Stromerzeugung auch der Wirkungsgrad des Generators mit zu berücksichtigen: KFZ-Lichtmaschinen, die mittels Keilriemen-Übersetzung an den Drehzahlbereich eines einfachen Stirlingmotors angepasst sind, liefern nicht einmal 50% der eingestzten Antriebsenergie in Form von elektrischem Strom zurück. Für die Drehzahl optimal ausgelegte, mit hochwertigen Permanentmagneten bestückte Synchrongeneratoren erreichen dagegen einen Wirkungsgrad von 90% und mehr.

Zur Ermittlung des Gesamtwirkungsgrades müssen die oben erläuterten Einzelwirkungsgrade miteinander multipliziert werden (dazu die Wirkungsgrade nicht als %-Werte, sondern als Dezimalzahlen einsetzen 100% = 1; 10% = 0,1; 1% = 0,01). Im Ergebnis bleibt vom Energieinhalt des eingesetzten Energieträgers nicht mehr viel an hochwertiger elektrischer Energie übrig. Deshalb ist es sinnvoll, die mit dem Kühlwasser abgeführte Wärme – es sind Kühlwassertemperaturen bis 50°C möglich – und auch die Wärme, die noch im Abgas der Feuerung enthalten ist, zur Warmwasserbereitung und Raumheizung zu nutzen. Dann ist ein energetischer Gesamtwirkungsgrad (welcher die elektrische und die thermische Nutzenergie berücksichtigt) von etwa 85% erreichbar. Wir sprechen dann von Kraft-Wärme-Kopplung mit einem Stirlingmotor-Blockheizkraftwerk (BHKW).
Die großen Schwankungen der Einzelwirkungsgrade bei den zum Betrieb eines Stirlingmotors erforderlichen Anlagenteilen zeigen, dass zur Erzielung eines guten Gesamtwirkungsgrades alle Teile optimal ausgelegt und gut aufeinander abgestimmt sein müssen.

Der Einsatz

Es ist zwar möglich, einen Stirlingmotor in einen Kachelofen oder einen vorhandenen Heizkessel einzubauen, das Ergebnis ist aber meist nur bescheiden. Obendrein verliert der Ofen oder der Heizkessel die Bauartzulas-

sung und Ihr Kaminkehrer könnte Ihnen Schwierigkeiten machen.
Beim Einbau eines Stirlingmotors in eine bestehende Feuerung muss der Erhitzerkopf des Motors direkt über der Feuerung eingebaut sein. Beim Kachelofen oder Heizkessel macht dieser Einbau aber wenig Sinn, weil diese Feuerungen immer nur für kurze Zeit mit voller Leistung betrieben werden. Der einmal aufgeheizte Kachelofen brennt herunter und gibt seine Wärme langsam an den Wohnraum ab; und Heizkessel sind meist so ausgelegt, dass das Heizungswasser durch Takten des Brenners in variablen Zeitintervallen nachgeheizt wird.
Ein in solche Feuerungen eingebauter Stirlingmotor, der eigentlich eine konstante Wärmezufuhr benötigt, würde jeweils nur kurz laufen und stehen bleiben, sobald die Feuerung nachlässt oder ausgeht. Bei jedem Nachheizen des Kachelofens oder wenn der Heizkessel wieder einschaltet, muss der Stirlingmotor auch wieder neu gestartet werden, da er nicht von selbst anläuft.
Den Stirlingmotor in das Abgasrohr eines vorhandenen Ofens einzubauen, macht überhaupt keinen Sinn, weil das Abgas im Ofen schon so weit abgekühlt ist, dass der Erhitzerkopf des Stirlingmotors nicht mehr auf die erforderliche Arbeitstemperatur von mindestens 550°C (beim ST 05G) aufgeheizt wird.
Ähnlich verhält es sich, wenn mit den Abgasen eines Verbrennungsmotor-Stromerzeugers (z.B. in einer Biogasanlage) oder mit der Abwärme von Hochtemperaturbrennstoffzellen ein Stirlingmotor betrieben werden soll (zur Anhebung des Gesamtwirkungsgrades). Auspuffgase haben eine Temperatur von 500 - 600°C, bei Brennstoffzellen beträgt die Temperatur der Abwärme etwa 450 - 500°C. Um die Wärmeenergie mit einer Temperatur von mindestens 550°C auf das Arbeitsgas des Stirlingmotors zu übertragen, ist ein einigermaßen kompakter Wärmetauscher mit möglichst kleinem Temperaturgefälle erforderlich, realistisch sind 100 - 200°C Temperaturgefälle für den Wärmeübergang. Bei der sich daraus ergebenden Arbeitsgastemperatur von nur ca. 400°C erreicht der Stirlingmotor nur einen relativ geringen Wirkungsgrad.

Die Anwendung

Soll aus Biomasse (in der Regel Holz) Strom erzeugt werden, ist der Stirlingmotor die einzige Antriebsmaschine, die das ohne Umwege und ohne Nebenaggregate wie Holzvergaser oder Dampfkessel ermöglicht. Voraussetzung ist eine optimal angepasste Feuerung, die den Stirlingmotor gleichmäßig und mit guter Regelbarkeit beheizt, bei gleichzeitig geringen festen Rückständen in den Verbrennungsgasen (Asche, Feinstäube). Gut eignen sich Hackschnitzel zum Betrieb eines Stirlingmotors, optimal ist die Befeuerung mit Holzpellets in einem speziell für den Stirlingmotor ausgelegten Pelletbrenner. Dabei sollte die Verbrennungsluft für den Pelletbrenner zur Steigerung des Brennerwirkungsgrades von den noch heißen Verbrennungsgasen vorgewärmt werden, die den Stirlingmotor-Erhitzerkopf verlassen.
Auch der Betrieb eines Niedertemperatur-Stirlingmotors mit Sonnenwärme ist möglich. Die erzielbare Leistung mit großflächigen Maschinen (2 m^2 Kollektor-/Erhitzerfläche) ist bei niedrigen Drehzahlen nur gering, es werden etwa 30 Watt bei ca. 30 U/min. erreicht (ca. 2% Wirkungsgrad). Mit konzentrierter Sonnenwärme, erzeugt durch der Sonne nachgeführte Hohlspiegel, sind deutlich größere Leistungen bei gutem Wirkungsgrad erzielbar. Erreicht werden Wirkungsgrade von knapp 30%, was deutlich besser ist als der

Wirkungsgrad von Solarzellen (ca. 15%). Der Aufwand für die Nachführung des Spiegels ist allerdings nicht unerheblich.
Die Hohlspiegel, die für diesen Einsatz zur Anwendung kommen, müssen einen Brennfleck mit einem Durchmesser von nur 3 bis 5 cm erzeugen. Für den ST 05 G ist ein Hohlspiegel mit einem Durchmesser von etwa 2,4 m erforderlich. Es können Glas- oder Metallspiegel eingesetzt werden. Lamellenspiegel von Solarkochern sind nicht geeignet. Diese Spiegel erzeugen einen Brennfleck von ca. 30 cm Durchmesser, der auf das verwendete Kochgeschirr abgestimmt ist.

Das Betriebsverhalten

Im Unterschied zu Otto- oder Dieselmotoren, die sofort nach dem Starten die volle Leistung liefern, braucht der Stirlingmotor eine Aufwärm- und nach dem Starten eine Anlaufzeit, bis er seine Nennleistung abgibt. Diese Zeit kann bei automatisch startenden Stirlingmotor-BHKWs mit Erdgasfeuerung (Solo V 161) einige Minuten betragen. Mit flüssigen Brennstoffen (WhisperGen) wird diese Zeit, bedingt durch den Brenner, der zum Aufbau einer sauberen Verbrennung selbst auch eine gewisse Anlaufphase benötigt, noch etwas länger sein.
Bei einem vollautomatisch mit Holzpellets betriebenen Stirlingmotor-BHKW kann die Start- und Anlaufzeit durchaus 15 – 20 Minuten betragen. Soviel Zeit ist nötig, um eine stabile Verbrennung der Pellets mit gleichzeitiger Aufheizung des Abgaswärmetauschers für die Verbrennungsluftvorwärmung herbeizuführen und den Erhitzerkopf des Stirlingmotors auf Starttemperatur zu bringen.
Nach dem Erreichen der Starttemperatur (beim ST 05 G sind das ca. 300°C am Erhitzerkopf) kann der Stirlingmotor durch eine Drehung über seinen Kompressionspunkt gestartet werden. Bei Motoren, die auf den maximalen Arbeitsgasdruck aufgeladen sind, ist dazu ein enormes Drehmoment erforderlich. Um den Startvorgang zu erleichtern, wird in der Regel der Arbeitsgasdruck zum Anlauf des Motors abgesenkt (Solo V 161) oder die Kompression wird durch ein Ventil kurzzeitig verringert. Nach dem Anlaufen des Stirlingmotors steht noch nicht seine Nennleistung zur Verfügung. Durch das in den Arbeitsgasräumen und Verbindungskanälen hin und her strömende Arbeitsgas müssen in der Anlaufphase erst alle Teile des Stirlingmotors auf Betriebstemperatur gebracht werden, bevor er seine Nennleistung erreicht. Dieser Umstand bringt es auch mit sich, dass der Stirlingmotor nach dem Abschalten der Wärmequelle noch einige Zeit weiterläuft und Leistung abgibt. In dieser Zeit bis zum Stillstand der Maschine wird die in den Teilen des Motors gespeicherte Wärme verbraucht.
Eine Schnellabschaltung der Maschine kann durch eine Verringerung des Arbeitsgasdruckes oder durch Aufhebung der Kompression herbeigeführt werden. Dabei muss natürlich zur Vermeidung von Überhitzungsschäden am Erhitzerkopf sofort auch der Brenner abgeschaltet werden. Bei Festbrennstoffbefeuerung kann das Probleme bereiten. Als Direktantrieb für Fahrzeuge ist der Stirlingmotor aufgrund dieses Betriebsverhaltens weniger geeignet und kann dem Otto- oder Dieselmotor kein Konkurrent sein. Elektromechanische Hybrid-Antriebe mit Stirlingmotor und einer Pufferbatterie lassen sich dagegen realisieren.

Das Regelverhalten

Das Verhalten des Stirlingmotors bei Lastschwankungen unterscheidet sich erheblich von Otto- und Dieselmotoren. Von Otto- oder Dieselmotor angetriebenen Stromer-

zeugern sind wir es gewöhnt, dass die weitere Zuschaltung eines Verbrauchers sehr schnell, fast ohne Flackern einer eingeschalteten Lampe, ausgeregelt wird. Bei Motoren mit innerer Verbrennung (Otto und Diesel) wird zu diesem Zweck im Bruchteil einer Sekunde die Drosselklappe des Vergasers und ggf. die Einspritzpumpe durch einen Regler (meist ein mechanischer Fliehkraftregler) verstellt. Die für die höhere Leistung benötigte größere Brennstoffmenge steht dem Motor dadurch ohne Verzögerung zur Verfügung, so dass die Lastschwankung schnell ausgeregelt werden kann.
Bei einfachen Stirlingmotoren wie dem ST05G wird zur Regelung nur die Brennerleistung verändert. Aufgrund der termischen Trägheit der Maschine ist dadurch nur eine sehr langsame Ausregelung von Lastschwankungen möglich. Bei größeren Stirlingmotoren wird zusätzlich zur Verstellung der Brennerleistung der Arbeitsgasdruck in der Maschine zur Regelung mit verändert (Solo V 161). Diese Leistungsregelung arbeitet schneller, erreicht aber auch nicht die sehr kurzen Regelzeiten von Motoren mit innerer Verbrennung.
Daher sind mit Stirlingmotoren angetriebene Stromerzeuger allein nicht in der Lage, sofort nach dem Start mit voller Leistung Strom zu liefern und schnelle Lastschwankungen auszuregeln. Bei Inselanlagen ist ein Batteriepuffer erforderlich. Wird ein Stirlingmotor-BHKW dagegen im Netzverbund betrieben, sind wie bei der Batteriepufferung die genannten Eigenheiten des Stirlingmotors wie Startverhalten, Regelbarkeit und Abschaltung ohne oder von untergeordneter Bedeutung. Als Antrieb für ein Blockheizkraftwerk ist der Stirlingmotor wegen seiner Vielstofffähigkeit unschlagbar, d.h. er kann im Grunde mit jedem Energieträger, vor allem mit nachwachsender Biomasse CO_2-neutral betrieben werden. Die Feuerung ist für den zum Einsatz kommenden Energieträger auszulegen.

Die Geräuschentwicklung

Auch der Stirlingmotor verursacht Laufgeräusche. Die Lärmentwicklung ist jedoch geringer als beim Otto- und Dieselmotor. Stirlingmotoren mit größerer Leistung und bei hohem Arbeitsgasdruck sind aber auch nicht mehr leise, dennoch ist ihr Lärmspektrum weniger störend, weil keine klopfenden Anteile wie beim Dieselmotor auftreten. Erforderliche Geräuschdämmmaßnahmen sind deshalb einfacher durchzuführen.

Sind Stirling-BHKWs erhältlich?

Auf dem Markt sind derzeit Maschinen von 3 Herstellern verfügbar:

- Das Gas-BHKW der Fa. Solo. (vgl. Bild 26 Seite 76). Der Stirlingmotor V160 treibt einen Asynchrongenerator an. Die abgegebene elektrische Leistung beträgt 2 - 9 $kW_{el.}$. Die dabei als Heizwärme zur Verfügug stehende „Abwärme“ hat eine Leistung von 8 - 24 kW_{th}.
- Der diesel-/heizölgetriebene WhisperGen aus Neuseeland mit 0,8 kW_{el} Leistung (DC oder AC) und 6 kW_{th}. Dieses Gerät wurde ursprünglich als Stromerzeuger für den maritimen Einsatz konstruiert. Diese Geräte werden jetzt auch als Mikro-Kraft-Wärme-Kopplungsanlagen angeboten.
- Die Sunmachine (sunmachine.com) mit 3 kW elektrischer und 12 kW thermischer Leistung für den Betrieb mit Holzpellets. Der 3 kW-Stirlingmotor mit im Druckgehäuse integriertem Generator wurde als Alpha-Typ von meinem Sohn Stefan konstruiert.

Die Bauteile eines Stirlingmotors und ihre Funktion

Im folgenden werden die wichtigsten Bauteile und Begriffe am und im Stirlingmotor erläutert. Dabei soll auch auf die immer wieder gestellte Frage eingegangen werden: „Sind im Handel erhältliche Serienteile von Otto- und Dieselmotoren oder Kompressoren als Bauteile für eine eigene Stirlingmotorentwicklung verwendbar?" Die *kursiv hervorgehobenen Begriffe* sind in Bild 27 auf Seite 78/79 dargestellt.

Heißer Zylinder: Beim Alpha-Typ Stirlingmotor ist der Zylinder, der unmittelbar mit dem *Erhitzer* verbunden ist, der heiße Zylinder. Er wird mit der Arbeitsgastemperatur (bis 800°C) und dem *Arbeitsgasdruck* belastet.
Ein Serienteil ist nicht bekannt.

Erhitzer auch Erhitzerkopf: Bei einfachen Stirlingmotoren wird durch die Wand der geschlossenen Seite des *Heißen Zylinders* das *Arbeitsgas* aufgeheizt. Der Erhitzer von Leistungsstirlingmotoren ist zur Vergrößerung der Wärmeübertragungsfläche mit einer Anordnung von Röhren versehen, die außen noch Rippen tragen können. Diese Röhren, verbinden den Erhitzerkopf mit dem *Regenerator*.
Es ist kein Serienteil bekannt.

Arbeitsgas: Bei einfachen Stirlingmotoren wird Luft oder Stickstoff verwendet, bei Stirlingmotoren größerer Leistung Helium oder Wasserstoff. Helium und Wasserstoff sind „dünnflüssiger" als Luft oder Stickstoff und haben eine größere Wärmetragfähigkeit. Die Bauteile eines Stirlingmotors müssen auf das verwendete Arbeitsgas abgestimmt sein. Die Leistungsdichte eines Stirlingmotors steigt beim Einsatz von Helium oder Wasserstoff auf das 2 bis 3- fache. Dieser Vorteil wird aber durch höhere Anforderungen an die Abdichtung der Teile eingeschränkt. Wasserstoff lässt Werkstoffe bei hohen Temperaturen verspröden, was beim *Erhitzer* zu Festigkeitsproblemen führt. Die Gase Stickstoff, Helium oder Wasserstoff werden als Technische Gase im einschlägigen Fachhandel in Druckleihflaschen angeboten. Der Druck in den Stahlflaschen beträgt bis zu 200 bar. Das Auffüllen eines Stirlingmotors auf einen erhöhten *Arbeitsgasdruck* bereitet dadurch keine Schwierigkeiten.
Diese Stahlflaschen, die es mit Inhalten von 2 bis 40 Liter gibt, können als *Vorratsbehälter* eingesetzt werden.

Arbeitsgasdruck: Bei Stirlingmotoren mit Luft als Arbeitsgas dürfen 12 bar nicht überschritten werden. Mit dem Sauerstoff der Luft kann es bei höherem Druck zur Selbstentzündung von Schmierstoffresten oder dem Abrieb der Kunststoffgleitbeläge kommen. (Dieseleffekt). Bei Stickstoff, Helium oder Wasserstoff gibt es keine Begrenzung.
Wichtiger Hinweis: In meinem Bekanntenkreis ist schon ein kleines Modell aufgrund von zu hoher Verdichtung durch ein geschlossenes Fenster auf der Straße gelandet. Von verschiedenen Leuten wird berichtet, dass es auch schon zu einem Todesfall gekommen sein soll.

Temperaturgefälle: Im laufenden Betrieb wird im Alpha-Typ-Stirlingmotor das *Arbeitsgas* bei jeder Umdrehung zwischen dem *Erhitzer*, durch den *Regenerator* und den *Kühler* in den *kalten Zylinder* und zurück verschoben. Beim Beta-Typ wird das Arbeitsgas in den *Arbeitsraum*- und beim Gamma-Typ in den Raum unter dem *Verdrängerkolben* und zurück verschoben. Das Arbeitsgas wird bei jeder Umdrehung aufgeheizt, dabei dehnt es sich aus und der Druck im ganzen System steigt. Anschließend wird es sofort wieder abgekühlt, wodurch der Druck im System fällt. Diese Druckänderung wird beim Alpha-Typ von beiden Kolben in mechanische Energie umgewandelt. Beim Beta- und Gamma-Typ wird die Druckänderung des Arbeitsgases nur vom Arbeitskolben über Pleuel und Kurbelwelle in mechanische Energie umgewandelt.
Die Druckänderung wird um so größer, je größer der Temperaturunterschied des Arbeitsgases ist, wenn es sich im Erhitzer, im heißen Raum, oder nach einer halben Umdrehung im kalten Raum befindet. Dieses *Temperaturgefälle* bestimmt die Leistung des Stirlingmotors.
Gleichzeitig steigt mit seiner Zunahme der Um-

wandlungswirkungsgrad (Lehrsatz nach Carnot) des Motors. Um das Arbeitsgas mit der Frequenz der Motordrehzahl aufzuheizen und es sofort wieder abzukühlen, werden hohe Anforderungen an die Bauteile eines Stirlingmotors gestellt.
Teile von Otto- oder Dieselmotoren erfüllen diese Kriterien nicht.

Kühler: Der Kühler führt die dem Stirlingmotor zugeführte Energie ab, die nicht in mechanische Energie umgewandelt wurde; das ist die Energie, die durch Wärmeleitung einer ungünstig ausgelegten Maschine verloren geht und die Kompressionswärme, die beim Verdichten des *Arbeitsgases* zwangsläufig erzeugt wird. Der Kühler eines idealen Stirlingmotors sollte nur die Kompressionswärme abführen. Einfache Stirlingmotoren sind luftgekühlt. Größere besitzen eine Wasserkühlung. Zur Erzielung eines möglichst großen *Temperaturgefälles* und damit eines guten Wirkungsgrades muss der *Kühler* optimal ausgelegt sein.
Für dieses Teil ist kein Serienteil verfügbar.

Kühlkreislauf: Über den Kühlkreislauf wird die mit dem Kühlwasser abgeführte Energie für Heizzwecke ausgekoppelt. Im Interesse eines guten Wirkungsgrades (großes *Temperaturgefälle*) des Stirlingmotors sollte die Kühlwassertemperatur unter 45°C bleiben.

Regenerator: Der Regenerator ist ein Kurzzeitwärmespeicher. Er entzieht dem *Arbeitsgas* beim Durchströmen vom *Erhitzer* zum *Kühler* Energie und wärmt das *Arbeitsgas* wieder auf, wenn es zurück strömt. Der Regenerator ist zum erheblichen Teil für den Wirkungsgrad eines Stirlingmotors mit verantwortlich. Die Wärmekapazität des Regeneratormaterials muss ein Vielfaches der Wärmekapazität der im Stirlingmotor verschobenen Arbeitsgasmenge sein (etwa 10fach). Üblicherweise wird der Regenerator aus übereinander gestapelten Lagen von geeignetem Drahtgewebe aufgebaut.
Für diese Drahtgewebe sind wegen der Temperatureindringtiefe, die bei der schnellen Zu- und Abführung der Energie nur gering ist, Drahtstärken von nur 0,05 bis 0,06 mm erforderlich. Als Werkstoff ist wegen der hohen Temperaturen nur hitzebeständiger Stahl geeignet. Bei dem Philips Stirlingmotor Typ 102C, entwickelt etwa 1947-50, bestand der Regenerator aus einem Wickel von gewelltem dünnen Edelstahldraht. Auch Fasern aus hitzebeständigem Stahl, die von der Industrie in großen Mengen für Filter, Separatoren und für Dämpfungselemente sowie als Poliermittel hergestellt werden, können zu einer Matrix mit entsprechender Dichte zur Verwendung als Regenerator zusammengesintert werden. Diese industriell hergestellten Fasern (Stahlwolle) werden mechanisch durch Schälen mit speziellen Messern erzeugt. Der Querschnitt dieser Fasern ist bewusst scharfkantig gehalten. Bedingt durch den Herstellungsvorgang entstehen auch kurze Fasern und Faserbruchstücke. Mit neuen Technologien lassen sich Fasern aus einer Metallschmelze extrahieren. Die so erzeugten Fasern weisen günstigere Eigenschaften als Stahlwolle auf. Beim fertig in den Stirlingmotor eingebauten Regenerator muss gewährleistet sein, dass er absolut frei von losen Metallpartikel und frei von fertigungsbedingten Ölresten ist. Metallpartikel und die im Erhitzer verkokten Ölreste, die mit dem *Arbeitsgas* durch den Motor transportiert werden, würden, wenn sie zwischen die Gleitbelege und in die Lager gelangen, den Stirlingmotor zerstören.
Der Füllfaktor des Regenerators für die Arbeitsgase Luft oder Stickstoff sollte im Bereich 0,1 liegen. Für Helium oder Wasserstoff sind Werte von 0,20 bis 0,35 möglich. Ist der Regenerator zu dicht, ist sein Strömungswiderstand zu groß. Die Drehzahl des Motors ist dann gering. Ist die Dichte des Regenerators klein, ist der Wirkungsgrad des Motors gering. Der Regenerator muss so eingebaut sein, dass das Arbeitsgas durch den Regenerator strömen muss und sich nicht auf dem Wege des geringsten Strömungswiderstandes daran vorbei mogeln kann.
Der Regenerator ist das wichtigste Bauteil eines Stirlingmotors.

Geeignete Drahtgewebe sind im Fachhandel erhältlich. Da der Regenerator in der Regel als ringförmiges Bauteil ausgebildet ist, fällt bei der üblicher Herstellung aus geschichteten Drahtgewebelagen viel Verschnitt an. Der Regenerator für den ST 05 G ist mit einer preiswerteren Alternative gefüllt. Es wird ein Drahtgestrick eingesetzt, wie es in der Hochfrequenzabschirmtechnik verwendet wird.

Kalter Zylinder, Arbeitszylinder: Diese Bezeichnung ist nur beim Alpha-Typ üblich, u.z. für den Zylinder, der mit dem Kühler verbunden ist. Beim Gammatyp spricht man vom Arbeitszylinder. Der Beta-Typ besitzt einen *Arbeitsraum* zwischen *Verdränger-* und *Arbeitskolben.*
Für dieses Bauteil sind handelsübliche Zylinder von Ottomotoren und/oder ölfreien Kompressoren einsetzbar. Zylinder für ölfreie Kompressoren sind mit Gleitbeschichtungen ausgerüstet, die den geforderten *Trockenlauf* ermöglichen.

Kurbelwelle, Kurbelzapfen:
An der Kurbelwelle kann die vom Stirlingmotor erzeugte mechanische Energie abgenommen werden. Die Kurbelwelle eines einfachen Stirlingmotors kann einseitig gelagert sein und besteht dann nur aus einer Welle und der darauf befestigten Kurbelwange mit dem Kurbelzapfen. Die Kurbelwange ist als Gegengewicht zum Ausgleich der oszillierenden Massen von Kolben und Pleuel ausgebildet. Ein einfacher Stirlingmotor kann nur zum Teil ausgewuchtet werden. Auf den Kurbelzapfen werden die kurbelwellenseitigen Lager der Pleuel montiert. Kurbelwellen von Moped- bzw. Motoradmotoren oder von Kompressoren können mit einigen Abänderungen (längerer Kurbelzapfen, da der STM 2 Pleuel besitzt, und Vergrößerung des Gegengewichtes) für eine eigene Stirlingmotorkonstruktion verwendet werden.

Verdrängerkolben: Der Verdrängerkolben schiebt das *Arbeitsgas* auf seinem Weg vom unteren zum oberen Totpunkt aus dem heißen oberen Teil des *Verdrängerzylinder* durch den *Erhitzer, Regenerator* und *Kühler* in den *Arbeitsraum.* Beim Beta-Typ ist das der Raum zwischen der Unterseite von *Verdrängerkolben* und der Oberseite des *Arbeitskolben.* Beim Gamma-Typ ist das der kalte Raum im Verdrängerzylinder unter dem Verdrängerkolben. Das Arbeitsgas übt auf den Verdrängerkolben keine Kraft aus, weil auf seiner Ober- und Unterseite der gleiche Druck ansteht. Er hat nur eine Steuerfunktion. Zur Bewegung des Verdrängerkolbens müssen lediglich die Gasreibungskräfte überwunden werden. Der Verdrängerkolben ist an seiner Oberseite in Kontakt mit dem heißen Arbeitsgas und an der Unterseite mit dem abgekühlten Arbeitsgas. Über die Länge des Verdrängerkolbens steht das volle *Temperaturgefälle* des Stirlingmotors an. Um die Wärmeleitungsverluste in der Kolbenwandung gering zu halten, wird der Verdrängerkolben etwa doppelt so lang ausgelegt wie sein Hub. In seinem Inneren sind Trennböden angebracht, die eine Temperaturschichtung bewirken und die Verluste durch Wärmeleitung verkleinern.
Ein Serienteil ist nicht verfügbar.

Arbeitsraum: Beim Beta-Typ wird der Raum zwischen *Verdrängerkolben* und *Arbeitskolben* als *Arbeitsraum* bezeichnet.

Arbeitskolben: Dieser Kolben wandelt die Druckschwankungen des *Arbeitsgases,* die durch das periodische Aufheizen und Abkühlen im Stirlingmotor entstehen, über das *Pleuel* und die *Kurbelwelle* in mechanische Energie um. Der *Arbeitskolben* bewegt sich im kalten Bereich des Stirlingmotors.
Trockenlaufbeschichtete Kolben mit den zugehörigen Kolbenringen und Zylinder von ölfrei arbeitenden Kompressoren können als Bauteile für eine eigene Stirlingmotorentwicklung eingesetzt werden.

Lenkhebel: Dieses Bauteil in Verbindung mit einem geteilten Pleuel nimmt die Seitenkräfte auf, die durch die Pleuelauslenkung auf den Kolben wirken. Die Reibungsverluste des Kolbens an der Zylinderwand werden verringert. Der Wirkungsgrad des Stirlingmotors wird dadurch etwas günstiger.
Damit der ST 05 G möglichst einfach und übersichtlich ist, wurde bei seiner Konstruktion von mir auf dieses Teil verzichtet. Herr Kramer in Berlin hat einen ST 05 G Motor entsprechend umgerüstet und konnte die Leistung damit um etwa 50 Watt anheben.

Rhombengetriebe: Das Rhombengetriebe ist eine Anordnung zur phasenverschobenen Steuerung der Kolben eines Beta-Typ-Stirlingmotors. Es ist aufgebaut mit 2 Zahnrädern mit Kurbelzapfen, von denen je 2 kurze Pleuel mit einem oberen Joch und einem unteren Joch verbunden sind. An den Jochen sind über Kolbenstangen die Kolben montiert. Diese Entwicklung stammt von R.J. Meijer bei der Fa. Philips. Dieses Triebwerk ermöglicht Drehzahlen bis 3000 U/min. bei Arbeitsgasdrücken bis 150 bar. Der besondere Vorteil ist die vollkommene Auswuchtung eines Einzylindermotors. Der Motor läuft mit diesem Getriebe schwingungsfrei.

Ross Yoke drive: Ein weiteres Getriebe zur phasenverschobenen Ansteuerung der Kolben von Stirlingmotoren, benannt nach seinem Erfinder Andrew Ross. Ein Dreieck ist mit seiner unteren Ecke mit dem Kurbelzapfen einer Kurbelwelle verbunden. Die beiden anderen Ecken des Dreiecks sind mit den Pleuel der Kolben des Stirlingmotors verbunden. Zwischen den Angriffspunkten der Pleuel wird das Dreieck von einem Querlenker in Position gehalten.
Der Vorteil dieses Getriebes ist die geringe seitliche Auslenkung der Pleuel und damit kleine Seitenkräfte der Kolben.

Taumelscheibengetriebe: Für Stirlingmotoren mit 4 und mehr Zylindern werden Taumelscheibengetriebe (wobbel plate drive, Siemensgetriebe) gebaut. Ausgeführt z.B. im WisperGen Motor.

Schiefscheibentriebwerk: Von der Fa. Philips wurden Motoren mit Schiefscheibentriebwerken (swash plate drive) gebaut und in Kraftfahrzeugen erprobt.

Schadraum, Totraum: In einem idealen Stirlingmotor sollte sich das gesamte *Arbeitgas* einmal aufgeheizt im *heißen Zylinder* und anschließend das ganze Arbeitsgas abgekühlt im *Arbeitszylinder* befinden.
In diesem Idealfall wäre die größte Druckänderung des Arbeitsgases möglich. Real ausgeführte Motoren weisen aber zwangsläufig auch Schad- oder Toträume auf, in denen sich ebenfalls Arbeitsgas befindet, das jedoch nicht voll mit aufgeheizt und/oder gekühlt wird. *Erhitzer, Regenerator, Kühler* und Verbindungskanäle sind solche Räume. Sie machen 40 - 50% des Gesamtvolumens des Motors aus und schmälern seine Leistung. Der Wirkungsgrad wird dadurch nur zum Teil verschlechtert.

Verdrängerkolbenstange: Sie verschiebt den *Verdrängerkolben*, auf den durch die Arbeitsgasdruckänderung keine Kräfte ausgeübt werden, von seinem oberen zum unteren Totpunkt. Auf ihr ist der *Kreuzkopf* montiert, der von dem Verdränger*pleuel* und der *Kurbelwelle* bewegt wird.
Die Verdrängerkolbenstange ist aus dem KFZ-Motorenbereich nicht verfügbar. Dieses Bauteil kann aus handelsüblichem Halbzeug hergestellt werden.

Kurbelgehäuse: Für einen Stirlingmotor mit *Arbeitsgasdruck* beaufschlagtem Kurbelgehäuse muss dieses entsprechend druckfest konstruiert werden. Das Kurbelgehäuse ist der *Pufferraum* für das Arbeitsgas. Die Druckänderungen des Arbeitsgases und erforderliche Sicherheitszuschläge müssen bei der Auslegung berücksichtigt werden.
Kurbelgehäuse von kleinen Verbrennungsmotoren oder Kompressoren sind nicht druckbelastbar und können nicht für einen Stirlingmotor eigener Konstruktion eingesetzt werden. Stirlingmotoren, die mit atmosphärischem Druck arbeiten (die Leistung ist dann nur gering) oder bei denen das *Arbeitsgas* durch eine entsprechenden Konstruktion und komplizierte Kolbenstangendichtungen nicht in das Kurbelgehäuse gelangt, könnten mit einem bestehenden Kurbelgehäuse aus der Industrie gebaut werden. Die Einsparung, die man dabei erzielt, steht dann allerdings in keinem günstigen Verhältnis zu den Kompromissen, die man durch das Teil, auf das man sich festgelegt hat, eingehen muss.

Trockenläufer: Ein Trockenläufer ist ein Stirlingmotor, der ohne Schmieröl im *Kurbelgehäuse* läuft. Das ist bei STM erforderlich, die das Kurbelgehäuse als *Pufferraum* für das *Arbeitsgas* verwenden. Das *Arbeitsgas* könnte Schmierölnebel in den *Erhitzer* transportieren, die dort

verkoken. Die dabei entstehende harte Ölkohle würde in die Gleitbahnen und Lager gelangen und diese zerstören. Die Kugellager in einem trocken laufenden STM sind dauergeschmiert und gekapselt oder es sind trocken laufende Kunststoffgleitlager und Gleitführungen.
Lager in dieser Ausführung sind im technischen Fachhandel erhältlich.

Pufferraum: Der Pufferraum ist der unter Arbeitsgasdruck stehende Raum unter beiden Kolben beim Alpha-Typ. Beim Beta- und Gamma-Typ steht nur die Unterseite des *Arbeitskolbens* mit dem Pufferaum in Verbindung. Um Gasströmungsverluste klein zu halten, muss der Querschnitt der Verbindung zu diesem Raum genügend groß sein.

Wellendichtung: Ein im Technischen Fachhandel erhältliches Bauteil. Es dichtet das rotierende aus dem *Kurbelgehäuse* ragende Wellenende der *Kurbelwelle* zur Vermeidung von *Arbeitsgas*verlust ab. Eine Dichtlippe gleitet mit Vorspannung auf einem sorgfältig geglättete Bereich der Kurbelwelle. Die Dichtlippe ist so angeordnet, dass sie durch den *Arbeitsgasdruck* noch zusätzlich auf die Kurbelwelle gedrückt wird.
Für Arbeitsgasdrücke bis etwa 3 bar eignen sich Wellendichtungen mit Dichtelementen aus Gummiwerkstoffen. Für Drücke bis etwa 10 bar werden Dichtelemente aus Teflon mit geeigneten Füllstoffen wie Graphit, Glas-, Kohle- und/ oder Kunstofffasern eingesetzt.

Pleuel: Dieses Bauteil wandelt die oszillierende Bewegung der Kolben in eine rotierende Bewegung um und überträgt die Energie auf die *Kurbelwelle*.
Pleuel von Otto- und/oder Dieselmotoren oder Kompressoren können eingesetzt werden, sofern sie mit ihren gegebenen Abmessungen in einer eigenen Stirlingmotor-Konstruktion verwendbar sind.

Kreuzkopf: Um die Seitenkräfte, die durch die Auslenkung der *Pleuel* auf den Kolben ausgeübt werden, zu eleminieren, wird ein Kreuzkopf zwischen Pleuel und Kolben angeordnet. Der Kreuzkopf erhält in der Regel eigene Gleitbahnen, die die Seitenkräfte aufnehmen. Kreuzkopf und Kolben sind durch eine *Kolbenstange* verbunden. Beim ST 05 G ist der Kreuzkopf auf der Kolbenstange des Verdrängerkolbens angeordnet. Die *Kolbenstangenlager* nehmen dabei die Seitenkräfte auf.
Im Handel ist kein vergleichbares Teil erhältlich.

Kolbenstangendichtung: Beim ST 05 G wurde auf eine separate Kolbenstangendichtung verzichtet, da das *Kurbelgehäuse* unter *Arbeitsgasdruck* steht. Die Arbeitsgasdruckänderung von etwa +/- 3bar, die beim Aufheizen und Abkühlen des *Abeitsgases* beim ST 05 G im Betrieb entstehen, werden durch das obere Kolbenstangenlager genügend gegen das Kurbelgehäuse abgedichtet. Stirlingmotoren größerer Leistung, die mit drucklosem Kurbelgehäuse arbeiten, besitzen komplizierte Kolbenstangendichtungen, die sich aus mehreren Teilen zusammensetzen. Neben der Dichtwirkung für das Arbeitsgas in Richtung Kurbelgehäuse muss auch ein Öltransport in der Gegenrichtung ausgeschlossen sein.
Beim ST 05 G konnten handelsübliche Trockenlaufgleitlager eingesetzt werden.

Vorratsbehälter: Der Arbeitsgasvorratsbehälter kann eine handelsübliche genormte Stahlflasche für technische Gase sein. Zur Leistungsregelung wird bei größeren Stirlingmotoren der *Arbeitsgasdruck* durch Zu- oder Abpumpen von *Arbeitsgas* aus dem STM in den Vorratsbehälter oder zurück verändert.

Warum ist die Wiedereinführung des Stirlingmotors so schwierig?

Bis etwa 1920 wurden Stirlingmotoren in für damalige Verhältnisse großen Stückzahlen hergestellt und eingesetzt. Diese Motoren waren groß und schwer und erreichten bei niedrigem Wirkungsgrad nur eine geringe Leistung. Stirlingmotoren aus dieser Zeit sind im Deutschen Museum in München zu sehen. Die Entwicklung des Otto- und Dieselmotors führte bald zur Verdrängung des Stirlingmotors. Die flächendeckende Versorgung mit elektrischem Strom für Kleinantriebe in Haushalt und Handwerk verdrängte den Stirlingmotor endgültig.

Die Arbeiten zur Entwicklung leistungsfähiger moderner Stirlingmotoren sind jedoch in der Folgezeit nicht eingestellt worden. Viele Erfinder, Tüftler, kleine und auch große Firmen arbeiten an der Weiterentwicklung. Hier ist die Firma Philips in Holland besonders zu erwähnen. Bis etwa 1970 wurden von Philips Stirlingmotoren im Leistungsbereich von 0,3 bis 150 kW entwickelt und als Prototypen gebaut. Diese Motoren wurden in PKW und Bussen erprobt. Mit Philips-Patenten wurde von der Fa. MAN auch ein 600 kW-Stirlingantrieb für ein U-Boot entwickelt. Ein Teil dieses Stirlingmotors steht im Deutschen Museum.

Die meisten dieser Entwicklungen hatten zum Ziel, den wegen seiner Abgase verrufenen Benzin- oder Dieselmotor durch einen Stirlingmotor zu ersetzen. Die kontinuierliche Verbrennung bei der Beheizung von Stirlingmotoren lässt sich besser steuern, so dass weniger schädliche Abgase entstehen. Alle diese Entwicklungen führten aber bisher zu dem Ergebnis, dass der Stirlingmotor trotz seines relativ sauberen Abgases und trotz eines guten Wirkungsgrades in Fahrzeugen nicht mit dem Dieselmotor konkurrieren kann. Das wird durch die höheren Herstellungskosten und sein Betriebsverhalten noch verstärkt. Durch die Einführung des Katalysators für Benzinmotoren und des Rußfilters für Dieselmotoren ist die Abgasproblematik inzwischen von der Autoindustrie preiswert gelöst worden. Für die Auto- und Nutzfahrzeugindustrie ist der Stirlingmotor als Antrieb daher nicht mehr von Interesse.

In der Zeit der 1. Ölkrise wurden Untersuchungen begonnen, um Sonnenstrahlung in großem Umfang in elektrische Energie umzuwandeln. Die Solarzellen waren zu dieser Zeit noch nicht als Massenprodukt verfügbar. Mit großen Parabolspiegeln wurden Stirlingmotor-Generatoren betrieben. In dieser Anwendung ist der Stirlingmotor richtig eingesetzt. Die Industrie und viele Entwickler beschäftigten sich seitdem wieder mit dieser Wärmekraftmaschine.

Für kleine mit Biomasse (Holzhackschnitzel oder Holzpellets) betriebene Blockheizkraftwerke ist der Stirlingmotor die geeignetste Antriebsmaschine, da er mit diesen Brennstoffen direkt beheizt werden kann. Nebenaggregate wie ein Dampfkessel bei der Dampfmaschine oder ein Holzvergaser beim Betrieb eines Ottomotors mit Holzgas sind nicht erforderlich. Der Stirlingmotor sollte in dieser Anwendung eine Leistung von 0,5 bis 2 kW nicht überschreiten. Bei Motoren mit Leistungen über 3 kW muss der Arbeitsgasdruck schon sehr hoch sein, als Arbeitsgas ist dann auch eher Helium empfehlenswert. Stirlingmotoren kleinerer Leistung können dagegen mit Luft oder Stickstoff als Arbeitsgas betrieben werden. Hohe Arbeitsgasdrücke und Helium erfordern eine aufwändige Auslegung und teure Werkstoffe für einen Stirlingmotor.

Bei der Entwicklung von Stirlingmotoren größerer Leistung ist es leider nicht so, dass nur die Abmessungen des Motors um den Faktor, um den die Leistung höher sein soll, vergrößert werden müssen. Der Stirlingmotor ist eine äußerst komplexe Maschine, die im Gegensatz zum Otto- und Dieselmotor keine Ventile besitzt. Das Zusammenwirken von 2 Kolben, die um 90° versetzt angeordnet sind, bewirkt die Steuerung des Motors. Der mit jeder Umdrehung schwankende Arbeitsgasdruck verteilt sich in beiden Zylindern (siehe Seite 12 bis 15). Daraus resultiert, dass sich jede Änderung auf den ganzen Motor auswirkt.

Mit eigens zur Berechnung und Simulation von Stirlingmotoren entwickelten Computerprogrammen ist es möglich, Stirlingmotoren für eine gewünschte Anwendung und Leistung auszulegen und zu konstruieren. Nach diesem Auslegungsprozess sollten 1 oder 2 Prototypen gebaut werden, um an diesen zu untersuchen, ob die errechneten Werte erreicht werden. Stimmen Auslegungsdaten und gemessene Werte nicht überein, was leider auch der Fall sein kann, wären Nacharbeiten erforderlich.

Bei einem solide von einem fähigen Team geplanten, mit ausreichenden Mitteln ausgestatteten Stirlingmotor-Entwicklungsprojekt müsste nach den erfolgreich abgeschlossenen Testläufen des Prototypen eine kleine Vorserie (10 bis 25 Stück) gebaut werden. Auch diese Motoren wären noch Prototypen für die Erprobung, für Dauertests und nur beim Hersteller oder in einem Testinstitut zu betreiben.

Erst nach dieser Testphase kann eine „Felderprobung" beginnen: Eine überschaubare Anzahl von Anlagen wird an Endkunden geliefert. Diese Kunden müssen sich bereit erklären, die Anlagen zu erproben; sie sind daher in der Regel in der Nähe des Herstellers angesiedelt. Diese Kunden wissen dann auch, dass sie an einer Felderprobung teilnehmen und dass es an ihrer Anlage unter Umständen zu Nachbesserungen oder zu einem Austausch kommen kann.

Ideal wäre es natürlich, wenn bis zum Abschluss einer erfolgreichen Erprobungsphase die Entwicklung nicht öffentlich bekannt würde. Denn bei derartigen Neuentwicklungen kommt es erfahrungsgemäß zu Verzögerungen. Und wenn die Neuentwicklung schon öffentlich angekündigt ist, würden interessierte Kunden verunsichert und die Nachfrage nach dem Stirlingmotor würde verringert.

Die Realität bei der Entwicklung von Stirlingmotoren für Kraft-Wärme-Kopplungsanlagen, die von meist kleinen Firmen in Angriff genommen werden, ist leider häufig eine andere. Nach der Fertigstellung eines Prototypen, oft sogar schon vorher, wird das Projekt von den Vertriebsleuten mit Versprechungen angekündigt, die von den Entwicklern teilweise gar nicht erfüllt werden können. Oft wird schon eine Verkaufsoffensive gestartet, wenn noch nicht einmal eine Typenprüfung und die TÜV-Abnahme erfolgt sind. Das Scheitern solch eines unbedacht oder als Folge von fehlendem finanziellen Hintergrund aufgezogenen Entwicklungsprojekts ist vorprogrammiert. Auch überschätzen sich manche Entwickler maßlos mit ihrer Vision von einem Stirlingmotor, der alles bisher Bekannte hinter sich lässt und erst durch neue Patente möglich wird, was für unsolide Verkäufer und Geldbeschaffer ein ideales Betätigungsfeld bietet. Mit jedem geschäftlichem Misserfolg wird leider auch der Glaube an die technischen, praktischen und ökologischen Vorteile geschmälert, die der Stirlingmotor – gerade bei der dezentralen Biomasseverstromung in Kleinanlagen – zu bieten hat.

Dunkle Mächte oder die Industrie unterdrücken den Stirlingmotor jedenfalls nicht. Für die Großindustrie ist der Markt noch nicht so weit reif, dass ausreichende Stückzahlen für eine wirklich kostengünstigere Großserie abgesetzt werden könnten. Von dieser Seite wird die Szene beobachtet.

Die mittelständische Industrie führt hinter verschlossenen Türen eigene Grundlagen-Untersuchungen durch. Kleinere Stirlingmotor-Entwicklungen wurden begonnen und auch schnell wieder beendet, wenn die technischen Probleme nicht oder nur schwer zu lösen sind. Manche Entwicklung ist auch ungenügend geplant und lässt sich am Markt nicht unterbringen.

Bei der Entwicklung meines Stirlingmotors ST 05 G habe ich bewusst die oben beschriebene Vorgehensweise nicht eingehalten. Als Einzelkämpfer war mir von Anfang an klar, dass ich alle erforderlichen Schritte wie Auslegung, Konstruktion, Bau eines Prototypen, Vermessung dieses Prototyps, eine Erprobungsphase mit einigen Maschinen, eine Felderprobung und zum hoffentlich erfolgreichen Abschluss die Serienüberleitung nicht durchziehen kann. Es darf auch nicht übersehen werden, dass für jedes Produkt eine gesetzliche Gewährleistungspflicht besteht. Die Kosten für konstruktive oder materialbedingte Nachbesserungen an bereits ausgelieferten Anlagen übersteigen sehr schnell die finanziellen Kapazitäten eines kleinen Unternehmens.

Ich habe einen Prototyp gebaut und vermessen. Dieser Prototyp wurde von meinem Sohn Stefan mit seinem Simulations- und Berechnungsprogramm optimiert. Dieses Computerprogramm war ein Teil seiner Diplomarbeit. Die Leistung des Prototypen konnte durch diverse kleinere Änderungen, die durch den Simulationsteil des Programmes einfach zu ermitteln waren, von etwa 320 Watt auf über 500 Watt angehoben werden. Im Anschluss habe ich – entgegen der oben beschriebenen Vorgehensweise – sofort Modelle zur Herstellung von Alugussteilen angefertigt. Diese Gussteile, anfänglich 8 verschiedene Teile, später 13, für die wichtigsten Bauteile eines Stirlingmotors wurden zusammen mit einem vollständigen Fertigungszeichnungssatz jedem Interessenten zugänglich gemacht. Der anfänglich wenig bekannte Stirlingmotor fand so Verbreitung in Ausbildungsstätten und an Hochschulen.

Inzwischen ist eine Sättigung eingetreten. Die Gussteile werden von mir nicht mehr vertrieben. Die Zeichnungen für den ST 05 G, den man (wie meinen Prototyp) auch als Schweißkonstruktion bauen kann, stehen zur Verfügung.

Da ich von jungen Leuten immer wieder nach dem Funktionsprinzip des Stirlingmotors gefragt wurde und um auch Schülern den Stirlingmotor näher zu bringen, ist ursprünglich dieses Buch entstanden.

Jeder der sich für die Technik interessiert und sich schon einmal mit dem Stirlingmotor befasst hat, ist von diesem Motor fasziniert. Ich denke, auch Sie werden sich weiter mit dieser interessanten Wärmekraftmaschine beschäftigen. Es schlummert noch viel Entwicklungspotential in ihr. Auch für Diplomarbeiten kann man interessante und lohnende Themen ableiten.

Es muss jedoch klar sein, dass es auf dem Weg vom Modell bis zur einsatzfähigen Maschine viele Probleme zu lösen gibt. Eines dieser Probleme ist schon allein die Entscheidung, in welcher der vielen möglichen Bauvarianten die eigene Neuentwicklung entstehen soll. Einige der bereits erprobten Ausführungsvarianten haben Sie in diesem Buch kennen gelernt.

Bevor Sie mit der Auslegung und dem Bau eines Stirlingmotors beginnen, sollten Sie sich aber von der Vorstellung lösen, gleich einen Stirlingmotor mit einer Leistung von mindestens 3 kW oder besser 5 kW zu bauen. Jetzt werden Sie vielleicht enttäuscht sein, aber überlegen Sie einmal: Angenommen Sie haben als gut ausgebildeter erfahrener Ingenieur in der von Ihnen konstruierten Biomasseverstromungsanlage einen Stirlingmotor als Antrieb vorgesehen. Aus dem 100% Energieinhalt des eingesetzten nachwachsenden Energieträgers werden nur etwa 15 bis 20% elektrischer Strom erzeugt. Eine gut ausgelegte Kraft-Wärme-Kopplungsanlage liefert zu dem Strom dann noch 75 bis 80% Wärme. Diese Wärme sollten Sie nicht wie die Großkraftwerke ungenutzt in die Umwelt entweichen lassen, sondern als Heizwärme nutzen.

Und genau hier liegt das Problem: Können Sie die Abwärme eines reichlich dimensionierten Stirlingmotors ständig nutzen? – Wahrscheinlich nicht. Das Zwischenspeichern der Wärme in einem Heizungswarmwasserspeicher ist möglich. Ist der Speicher aufgeheizt, muss der Stirlingmotor abgestellt werden. Die jeweils kurzzeitig benötigte elektrische Spitzenleistung Ihres Haushaltes oder Betriebes können Sie mit einem Stirlingmotor angetriebenen Generator wegen seines Betriebsverhaltens ohnehin nicht erzeugen. Der Betrieb der Kraft-Wärme-Kopplungsanlage sollte also immer im Netzverbund erfolgen.

Legen Sie Ihr Stirlingmotor-Blockheizkraftwerk daher so aus, dass die anfallende Abwärme als Grundwärmebedarf für Ihr Haus ständig abgenommen wird und der erzeugte Strom ins Netz fließt. Ein kleiner Stirlingmotor kann in einer passend ausgelegten Anlage ständig mit konstanter Leistung laufen. Die Anlage wird kostengünstiger, Sie benötigen keinen Wärme-Zwischenspeicher und bei der Planung Ihrer Anlage werden Sie auch noch erkennen, dass Energieeinsparungsmaßnahmen an Ihrem Gebäude und an den elektrischen Geräten weit preiswerter durchzuführen sind, als die Errichtung einer größeren Energieerzeugungsanlage.

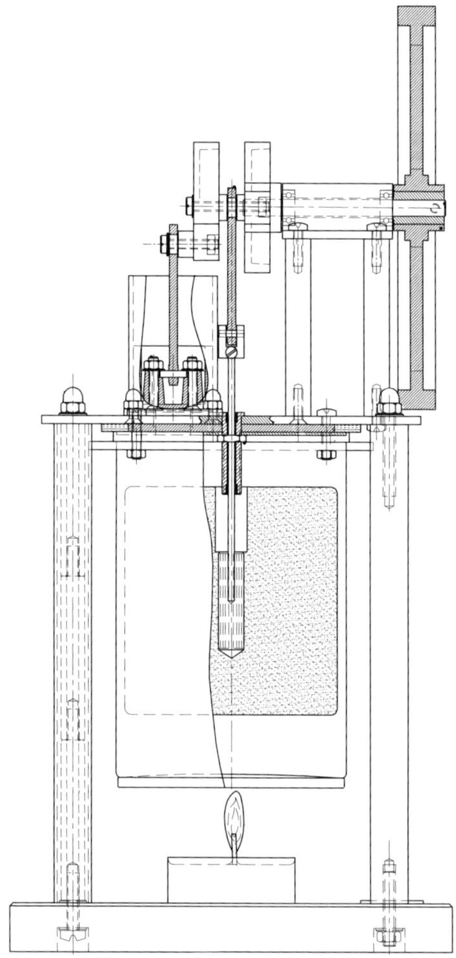

Der VIEB-3-Konservendosen-Stirlingmotor im Schnitt, gebaut aus einer gebrauchten Konservendose und aus den Fertigteilen eines Bausatzes. Als Antrieb für den untenliegenden Erhitzer kann ein Teelicht, eine 20 Watt Halogenlampe oder ein 95°C heißes Wasserbad dienen.

6 Stirlingmotor-Modell zum Selbstbau für Schüler und Auszubildende

Vorbemerkung

Der Aufbau dieses Modells ähnelt dem Ur-Stirlingmotor, wie ihn sein Erfinder, der Geistliche Robert Stirling, 1816 patentieren ließ. Damit das Modell mit der geringen Heizleistung von 25 bis 30 Watt, die ein Teelicht besitzt, sicher läuft, wurde das Volumen des Verdrängerzylinders im Verhältnis zum Arbeitszylinder relativ groß ausgeführt. Dadurch führt schon eine mäßige Erwärmung des Arbeitsgases Luft im Verdrängerzylinder zu einem ausreichenden Druckanstieg. Der Durchmesser des Arbeitskolbens wurde so gewählt, dass über seinen Hub dieser Druck abgebaut wird. Der Arbeitskolben wird davon zwar mit nur geringer Kraft nach oben gedrückt, aber für den Antrieb des Modells reicht diese geringe Kraft aus. Die Druckänderung im Verdrängerzylinder, die für die Leistungsabgabe des Modells ausschlaggebend ist, ist durch die nur kleine Heizleistung mit dem Teelicht gering. Das Modell läuft aber dennoch recht flott, da wir beim Zusammenbau auf möglichst geringe Reibung an den Lagerstellen achten. Die Leistung am Schwungrad ist jedoch gering.

Auch bei diesem Modell ist der Verdrängerzylinder aus einer Konservendose und der Verdrängerkolben aus Balsaholz angefertigt. Das Modell darf nur mit einem Teelicht oder einer 20 - 25 Watt Halogenlampe beheizt werden. Nur Original-Teelichte im Alubecher verwenden. Mit einer stärkeren Wärmequelle wird der Verdrängerkolben zerstört!
Nicht unbeaufsichtigt laufen lassen! Bitte darauf achten, dass das Teelicht oder die Halogenlampe bei stehendem Modell nicht längere Zeit weiterbrennt!

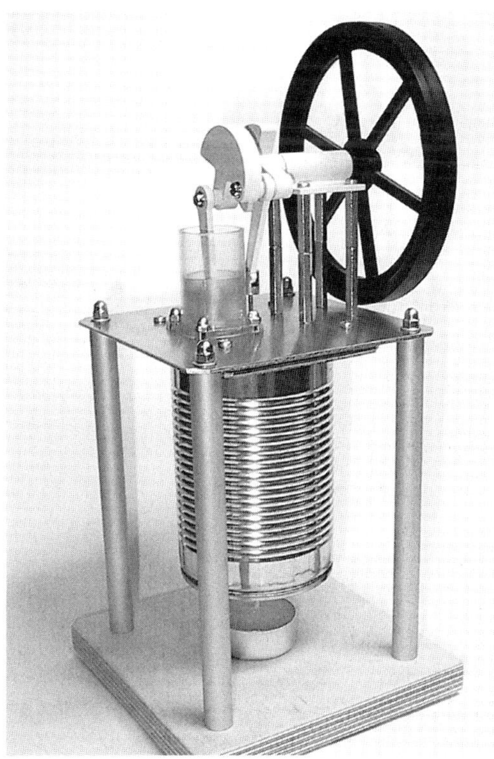

Abb. 34: Konservendosen-Stirlingmotor, Modell VIEB-3. Durch die vorgefertigten Teile des Bausatzes ist ein Bau in wenigen Stunden möglich.
Das bei Modellen dieser Größe bisher nicht erreichte gute Laufverhalten wird erzielt durch einen Verdrängerzylinder aus einer dünnwandigen Konservendose und durch den Verdrängerkolben aus Balsaholz, der nur einen geringen Verlust-Wärmestrom von der heißen Unterseite zur kalten Oberseite zulässt. Mit einem Teelicht beheizt läuft das Modell bei max. 400 U/min. rund 4½ Stunden lang. Mit einer 20 Watt Halogenlampe von unten angestrahlt läuft es als Schauobjekt mit max. 120 U/min., in heißes Wasser (95°C) getaucht, erreicht es bis zu 80 U/min.
Abmessungen: Grundfläche 140 mm x 140 mm, Höhe ca. 300 mm, Schwungrad 124 mm ø.

Die Leistung, die das Modell abgibt, reicht aus, um mit einem Teelicht als Wärmequelle und einem kleinen DC-Motor als Generator einige Milliwatt Strom zum Betrieb eines Transistorradios zu erzeugen. Damit besitzen wir eigentlich schon ein Micro-Block-Heiz-Kraftwerk.
Der Bausatz für dieses Modell enthält außer der Konservendose alle Bauteile für diesen Stirlingmotor (Anschriften für den Bezug des Bausatzes am Ende des Buches).
Der Bausatz ist in 4 Baugruppen unterteilt. Er kann nach eigenen Fähigkeiten oder nach dem Zeitaufwand, der zum Bau des Modells zur Verfügung steht, zusammengestellt werden. Die Holzgrundplatte mit den Säulen kann, wenn es so geplant wird, von den Schülern selbst nach Zeichnung angefertigt werden. In diesem Fall werden nur die Baugruppen 1, 2 und 4 erworben.

Hinweis: Um den Bausatz preiswert zu halten, werden die Teile 1 bis 4 sowie 20 und 36 nicht entgratet und unverputzt geliefert. **Bitte unbedingt beachten**: Sie können sich an den scharfen Schnittkanten verletzen! Vor dem Zusammenbau müssen die scharfen Bearbeitungskanten daher mit einer kleinen Feile und feinem Schleifpapier entgratet und die Holzteile verputzt werden.

Um dem Modell ein tolles Aussehen zu geben, sollten Sie auf der Oberseite der Aufbauplatte (1) eventuell vorhandene Bearbeitungsspuren und Kratzer entfernen. Kratzer mit Schleifpapier, besser mit Schleifleinen (Körnung 220) entfernen. Dabei immer nur parallel zu einer Plattenlängsseite schleifen. Zum Schluss mit einem Schleifschwamm oder Schleifgummi aus dem Baumarkt einen gleichmäßigen „Strich" aufbringen. Bitte die Oberfläche nicht polieren! Die Oberfläche muss matt bleiben.

Die Aufbauplatte Teil 1 ist zusammen mit der Oberseite der Konservendose der Kühler bei unserem Modell. Bitte dieses Bauteil mit einer matten Oberfläche versehen. Polierte spiegelnde Oberflächen strahlen die Wärme wesentlich schlechter ab als matte.

Erforderliches Werkzeug: Neben allgemein vorhandenen Werkzeugen wie kleinen Schraubendrehern (Flach- und Kreuzschlitz-) sowie einer Kombizange und einer kleinen Feile wird zusätzlich ein 6-kant Stiftschlüssel 1,5 mm (im Bausatz mit enthalten) und je ein Gabelschlüssel 5,5 und 7 mm sowie ein Steckschlüssel 5,5 mm benötigt. Eine spitze Pinzette würde die Arbeit erleichtern, ist aber entbehrlich.
Bitte beachten Sie meine Sicherheitshinweise ebenso wie beim Umgang mit Werkzeugen die Sicherheitshinweise der Werkzeughersteller. Tragen Sie, wenn erforderlich, Schutzhandschuhe und eine Schutzbrille. Sollte sich trotz sorgfältiger Entwicklungsarbeit bei der Erstellung der Zeichnungen und der Dokumentation ein Fehler eingeschlichen haben, bin ich für Ihren Hinweis dankbar.

Teile und Materialbeschaffung

Mit einer entsprechend ausgestatteten Werkstatt können Sie alle Teile mit etwas Geschick und etlichen Stunden sinnvoller manueller Tätigkeit nach den Zeichnungen selbst anfertigen. Wollen Sie aber das Modell mit möglichst geringem Zeitaufwand bauen, weil zum Beispiel der Lehrplan nicht mehr Stunden vorsieht, ist es sinnvoll, alle Baugruppen des Bausatzes zu erwerben.
Der Bausatz ist in 4 Baugruppen aufgeteilt (siehe Stückliste Seite 104 und 105, Spalte Baugruppen). Sie können sich nach Ihren Möglichkeiten oder den Arbeitsstunden, die

Zusammenstellung VIEB-3

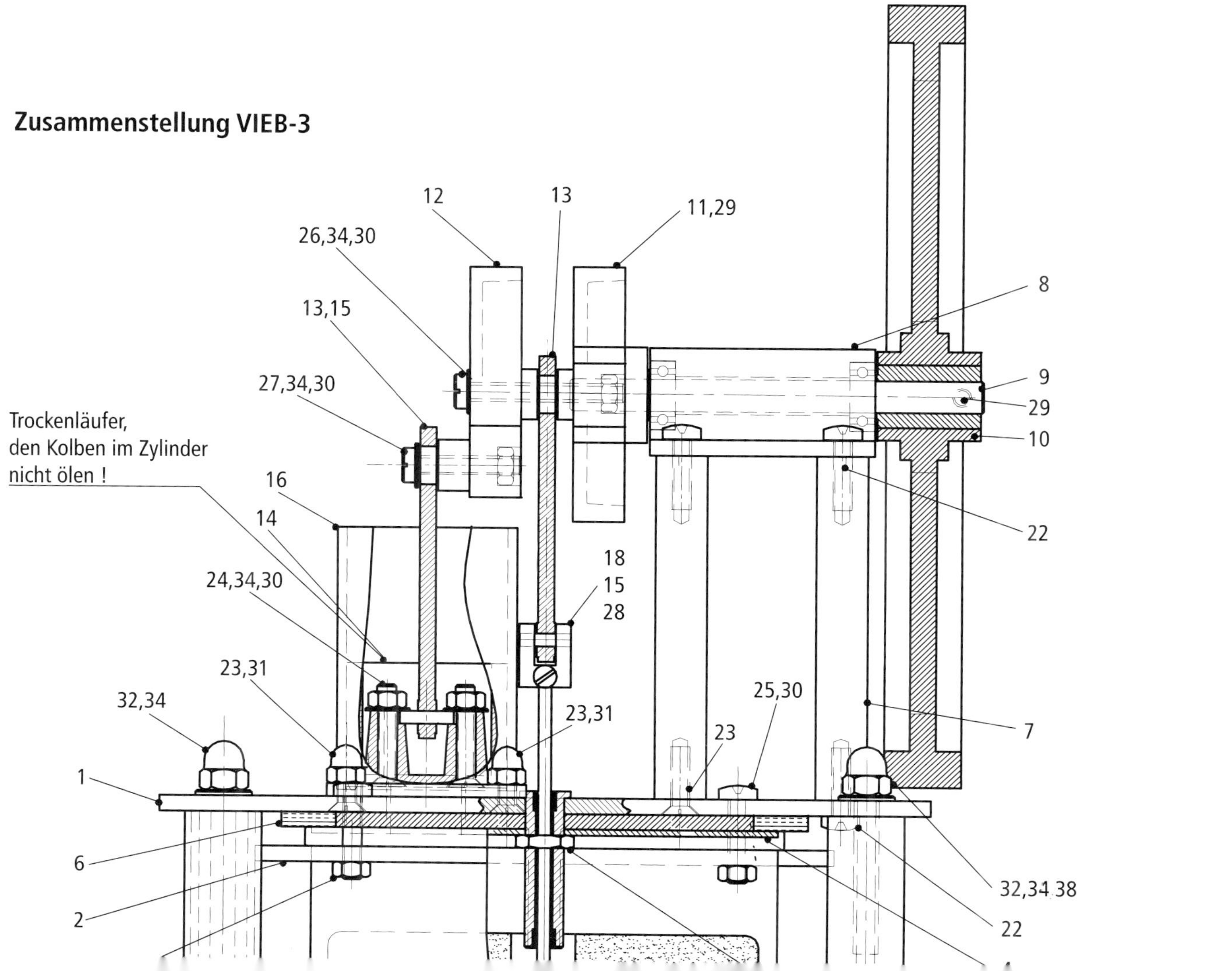

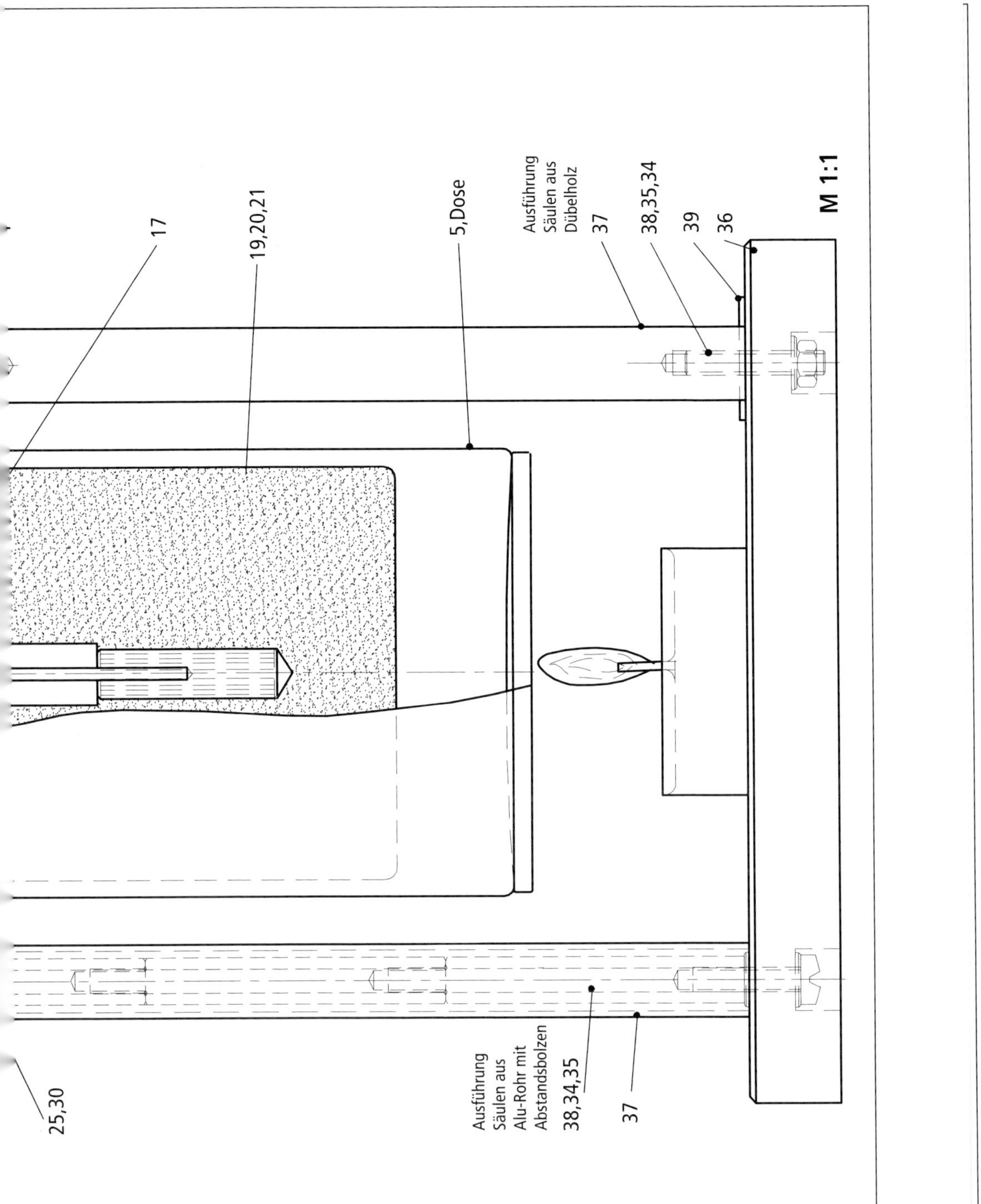
M 1:1
Ausführung
Säulen aus
Dübelholz
37
38,35,34
39
36
5,Dose
19,20,21
17
25,30
Ausführung
Säulen aus
Alu-Rohr mit
Abstandsbolzen
38,34,35
37

Sie investieren wollen, den Bausatz zusammenstellen (Bestellliste beim Versender anfordern, siehe Adressen).
Steht etwas mehr Zeit zur Verfügung, kaufen Sie nur die Baugruppen des Bausatzes, die sie nicht oder nur mit erheblichem Zeiteinsatz selbst anfertigen können. Die anderen Teile fertigen Sie nach den Zeichnungen selbst an, was natürlich auch Kosten spart!
Die ebenen Teile des Modells sind aus stabilem 2 bis 2,5 mm starkem Alublech hergestellt. Die Teile, die Sie beim Selbstfertigen als Dreh- und/oder Frästeile anfertigen müssen, sind im Bausatz als Kunststofffertigteile mit eingearbeiteten Messingbuchsen ausgeführt. Gleitlager sind bereits eingebaut und Gewinde angebracht (siehe Stücklisten Seite 104 und 105).
Zusätzlich zum Bausatz müssen Sie selbst beschaffen:

1. 2-Komponenten Epoxydharzkleber (siehe Stückliste Pos. 40)
2. Die geleerte Konservendose mit dem Aufdruck [425]. Die Dose ist 110 mm hoch. ***Wichtig!*** Der obere Rand muss bei dieser Dose 75 mm Durchmesser haben, und der untere Rand darf nur 72 mm im Durchmesser sein. Zum Öffnen der Dose verwenden Sie bitte einen guten Dosenöffner mit rotierendem Schneiderad und entfernen den größeren Deckel unmittelbar an der Innenseite vom oberen Rand. Es darf vom entfernten Deckel kein Rest zurückbleiben.

Bei Dosen, die mit einer Öffnerlasche ausgestattet sind und ohne Dosenöffner geöffnet werden können, müssen Sie den oberen Rand nacharbeiten. Wird der Deckel mit der Öffnerlasche entfernt, bleibt vom Deckel rundherum ein etwa 2 mm Blechrest stehen. Dosen mit diesem Deckelblechrest sind für unsere Anwendung nicht brauchbar. Diesen Deckelrest müssen Sie nach unten umbiegen und an die Innenwand der Dose andrücken (anklopfen).

Tipp: Schieben Sie die Andrückplatte Teil 2 über die Dose, bis sie am oberen Rand anliegt. Halten Sie die Andrückplatte mit der eingeschobenen Dose hochkant auf einen festen schweren Gegenstand, z.B. einen flach liegenden großen Hammer so, dass die Dose waagerecht liegt (mindestens einen 1,5 kg Hammer oder ein schweres Beil verwenden). Zur Geräuschminderung zwischen Hammer und Tischplatte ein mehrfach zusammengefaltetes Putztuch unterlegen!
Mit der Finne eines 100 Gramm-Hammers klopfen Sie nun den Blechrest vom Deckel mit vielen leichten gezielten Schlägen an die Dosenwand. Die Hammerfinne ist die schmale schlanke Seite des Hammers. Die Dose langsam weiterdrehen, bis der Blechrest am ganzen oberen Dosenumfang angeklopft ist. Der Andrückring Teil 2 verhindert, dass die Dose in diesem Bereich durch die Hammerschläge verbeult wird.

Vorsicht beim Bearbeiten des Dosenrandes!
Das dünne Dosenblech ist messerscharf! Es besteht ernsthafte Verletzungsgefahr! Tragen Sie Schutzhandschuhe.

Die Baugruppe 3, Teile 36, 37, und 38 mit der Grundplatte (eine Schichtholzplatte 14 x 14 cm, 15 mm dick) kann einfach selbst angefertigt werden.
Schichtholz ist im Baumarkt mit Holzzuschnittservice oder in einer Schreinerwerkstatt erhältlich. Sie können diese Platte natürlich auch aus einem edlerem Holz nach eigenen Vorstellungen anfertigen.
Auch für die Säulen, Teil 37 mit Teil 38, ist das Material in Baumärkten erhältlich. Sie können 1 m Alu-Rohr ø 12 x 1 mm (auch Kunststoffrohr 11,5 x 1,5) oder 1 m Dübelholz 12 mm ø und 1 m Gewindestange M 4

Stückliste der Baugruppen 1, 2 und 4

Teil	Menge	Bezeichnung		Seite	Baugruppe
1	1 St.	Trägerplatte, Alu 2,0 mm, 120 x 120 mm halbhart, Al Mg 3,	n.Z.	106	BG 2
2	1 St.	Andrückplatte, Alu 2,5 mm, 90 x 90 mm halbhart, Al Mg 3,	n.Z.	107	BG 2
3	1 St.	Dichtungszentrierscheibe Alu 2,5 mm, 65 mm ø halbhart Al Mg 3	n.Z.	107	BG 2
4	1 St.	Dosenzentrierscheibe, Alu 1,5 oder 2,0 mm, 72,5 ø halbhart, Al Mg 3	n.Z.	107	BG 2
5	1 St.	Konservendose Höhe 110 mm, Durchmesser der Dose 73 mm, am oberer Rand 75 mm, Durchmesser am unteren Rand 72 mm,		nicht im Bausatz	
6	1 St.	Gummidichtung, auf 80 mm ø zugeschnittener Einweckgummi 65 x 90 mm ø		–	BG 2
7	4 St.	Säule für Wellenlagergehäuse, Sechskantabstandsbolzen L= 55 mm	n.Z.	108	BG 1
8	1 St.	Wellenlagergehäuse mit Gleitlagern(*), Kunststofffertigteil	n.Z.	109	BG 1
9	1 St.	Welle, Rundmaterial 5 mm ø, L= 64 mm, Mat. 1.4305, oder Silberstahl	n.Z.	108	BG 1
10	1 St.	Schwungrad mit MS Buchse, Kunststofffertigteil 124 mm ø	n.Z.	111	BG 1
11	1 St.	Verdrängerkurbelwange mit MS Buchse, Kunststofffertigteil	n.Z.	110	BG 1
12	1 St.	Arbeitskolbenkurbelwange, Kunststofffertigteil	n.Z.	110	BG 1
13	2 St.	Pleuel, Kunststofffertigteile	n.Z.	109	BG 1
14	1 St.	Arbeitskolben, Kunststofffertigteil, wichtig: nicht ölen	n.Z.	108	BG 1
15	2 St.	Kolbenbolzen und Stift, MS 58 2 mm ø, L = 8 mm	n.Z.	108	BG 1
16	1 St.	Arbeitszylinder, Kunststofffertigteil, wichtig: nicht ölen	n.Z.	108	BG 1
17	1 St.	Verdrängerstangenführung, MS 58 Rundmaterial. 8 mm ø, L=25 mm, mit 2 iglidur G Gleitlagern D_i 2 ø, D_a 3,5 ø, L 3 mm, mit Mutter M 6 x 0,75, Schlüsselweite 8 mm (wie bei Telefonbuchsen)	n.Z.	108	BG 2
18	1 St.	Verdrängergabelgelenk, MS 58 Rundmaterial 8 mm ø, L = 10 mm	n.Z.	108	BG 2
19	1 St.	Verdrängerstange, Rundmaterial 2 mm ø, L=78 mm, Werkstoff 1.4305	n.Z.	112	BG 2
20	1 St.	Verdrängerkolben, Balsaholz, 69 mm ø, L = 70 mm	n.Z.	112	BG 4
21	1 St.	Riffelholz-Leimdübel, mit Längsrillen 8 mm ø, L = 30 mm	n.Z.	112	BG 2
22	6 St.	Zylinderschrauben M 3 x 6 oder 5 DIN 7985 oder DIN 84		Normteil	BG 1
23	6 St.	Senkschrauben M 3 x 8 DIN 963		Normteil	BG 1
24	2 St.	Senkschrauben M 3 x 16 DIN 963		Normteil	BG 1
25	4 St.	Zylinderschrauben M 3 x 12 DIN 7985 oder DIN 84		Normteil	BG 1
26	1 St.	Zylinderschraube M 3 x 25 DIN 7985 oder DIN 84		Normteil	BG 1
27	1 St.	Zylinderschraube M 3 x 16 DIN 7985 oder DIN 84		Normteil	BG 1
28	1 St.	Zylinderschraube M 2 x 4 oder 5 DIN 84		Normteil	BG 2
29	2 St.	Madenschraube M 3 x 5 DIN 916 (je 1x für Teil 10 und Teil 11)		Normteil	BG 1
30	8 St.	Sechskantmutter M 3 DIN 934		Normteil	BG 1
31	4 St.	Hutmutter M 3 DIN 1587		Normteil	BG 1
32	4 St.	Hutmutter M 4 DIN 1587		Normteil	BG 2
33	4 St.	Scheibe 3,2/7 mm ø DIN 125		Normteil	BG 1
34	4 St.	Scheibe 4,3/9 mm ø DIN 125		Normteil	BG 2
(*) Die Gleitlager können gegen Kugellager ausgetauscht werden. Conrad Elektronik Best. Nr. 21 48 76 - [58]					

erwerben und die Teile selbst auf Länge zuschneiden. Muttern M 4 und Beilagscheiben für M 4 sind ebenfalls in Baumärkten erhältlich.
Besitzen Sie die Ausrüstung und die Fähigkeiten, alle Teile nach den Zeichnungen auf den folgenden Seiten selbst anzufertigen, finden Sie die erforderlichen Materialien und Normteile im Modellbaukatalog von Conrad-Electronic. Wenn Sie alle Teile selbst anfertigen können, brauchen Sie sicher keine seitenlangen Erklärungen und Anweisungen von mir, wie die einzelnen Teile am einfachsten herzustellen sind. Und der Zusammenbau des Modells ergibt sich aus der Zusammenstellungszeichnung! Erwerben Sie den Bausatz, erhalten Sie mit den Teilen eine ausführliche Zusammenbauanleitung mitgeliefert.
Ist das Modell mit Teilen des Bausatzes oder aus selbstgefertigten Teilen fertiggestellt und alle Lager bewegen sich spielend leicht ohne zu klemmen, wollen wir wissen, wie gut wir selbst gearbeitet haben oder wie sorgfältig und genau die Bausatz-Teile gefertigt sind. Es folgt der spannendste Moment für jeden Modellbauer!
Haben Sie als Schüler unter Anleitung Ihres Lehrers, der Eltern oder eventuell sogar schon vollkommen selbständig dieses Modell gebaut, ist der nun folgende Teil dieses Projektes für Sie natürlich noch wesentlich spannender.

Stückliste der Baugruppe 3

Teil	Menge	Bezeichnung		Seite	Baugruppe
34	8 St.	Scheibe 4,3/9 mm ø DIN 125	Normteil		BG 3
35	4 St.	Zylinderschraube M 4 x 16 DIN 7985 oder DIN 84.	Normteil		BG 3
36	1 St.	Grundplatte, Schichtholz 15 mm, Baumarkt Zuschnittservice	n.Z.	102	BG 3
37	4 St.	Säulen, 151 mm lang, Alu Rohr 12 ø x 1 mm , oder Kunststoffrohr 11,5 ø x 1,5 mm	n.Z.	102	BG 3
38	12 St.	Abstandsbolzen M 4, Länge 50 mm (je 3 St. zusammenschrauben)	Normteil		BG 3
39	1 St.	Namenschild, Gravierservice - oder preiswerter - ein selbst-klebendes DYMO Schriftband (siehe Conrad Electronic Katalog)			–
40	1 St.	2-Komponenten Epoxyd-Klebstoff, z.B. Conrad-Electronic Best. Nr. 81 33 37-[58]#	1x je Gruppe		–
[58]# Die letzten beiden Ziffern sind die Kennnummer von der Conrad Katalogausgabe (Jahr)					

Wird das Modell als Projektarbeit an Schulen gebaut, sollten die Teile der Baugruppe 3 von den Schülern selbst beschafft und angefertigt werden.
Beim Selbstbau können die Abstandsbolzen Teil 38 durch M 4 Gewindestangenabschnitte, 170 mm lang, und Muttern M 4 sowie Scheiben ersetzt werden. M 4 Gewindestangen, Muttern M 4, Scheiben und Alu- oder Kunststoffrohr ist als Meterware in Baumärkten erhältlich.

Wichtiger Hinweis: Die Baugruppen 1 bis 4 können als Komplettbausatz bezogen werden. Es ist aber auch möglich, nur die Baugruppen zu beziehen, deren Teile Sie nicht selbst anfertigen können. Um den Bausatz preiswert liefern zu können, werden die Aluteile 1 bis 4 und die Holzteile 20 und 36 nicht entgratet und unverputzt geliefert.
An den noch scharfen Schnittkanten besteht akute Verletzungsgefahr! Bitte verrunden Sie mit einer kleinen Feile und mit Schleifpapier vor dem Zusammenbau die scharfen Kanten und Ecken. Auch die Kanten und Ecken der Holzteile bitte verschleifen und die Teile gut vom anhaftenden Staub befreien.

Teil 1

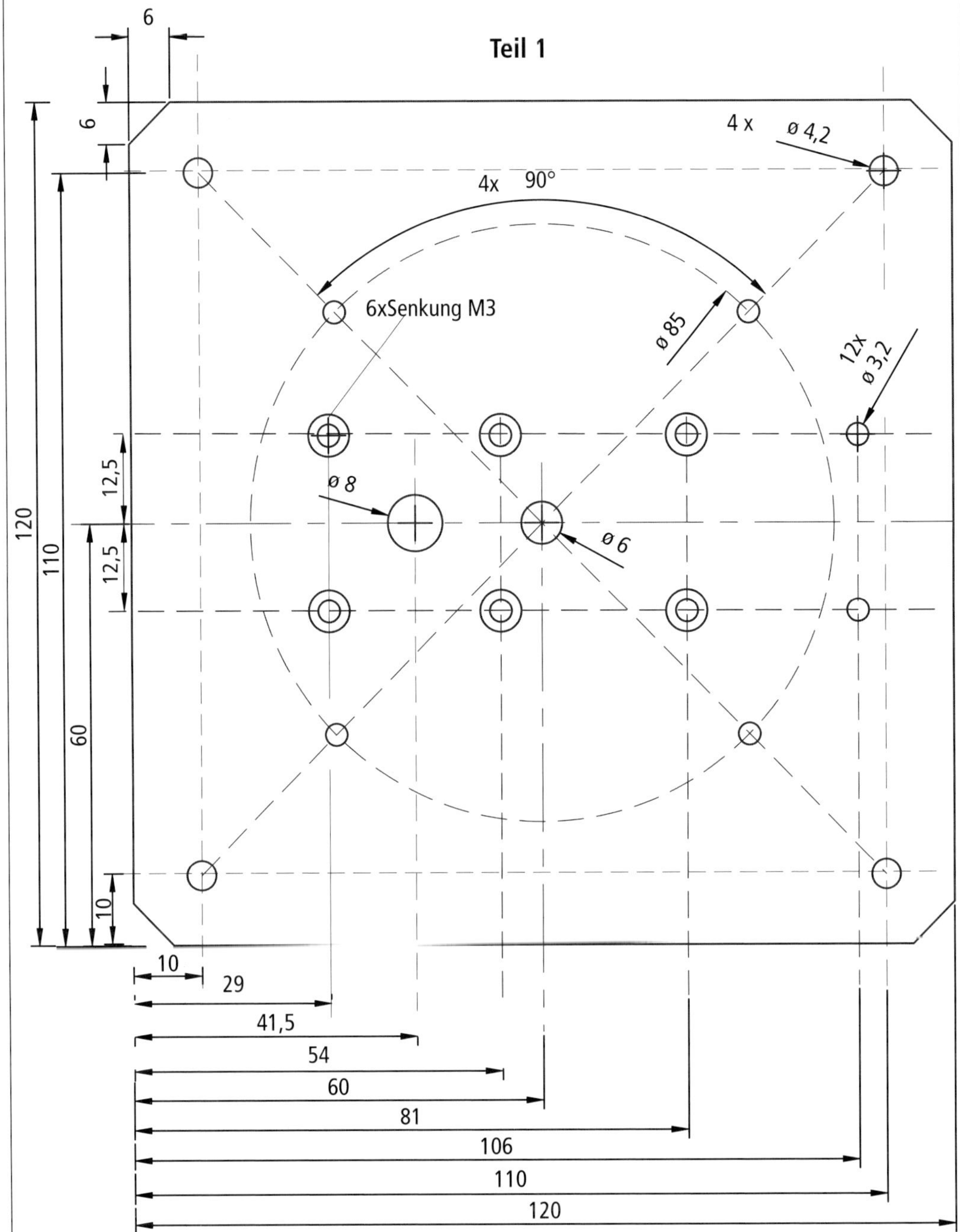

Trägerplatte, Alu 2,0 mm **M 1:1**

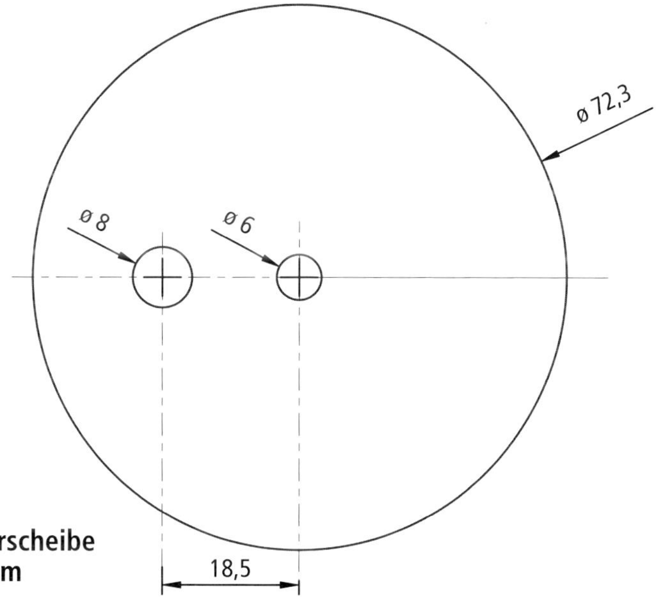

Teil 4

Dosenzentrierscheibe
Alu 1,5-2,0 mm

M 1:1

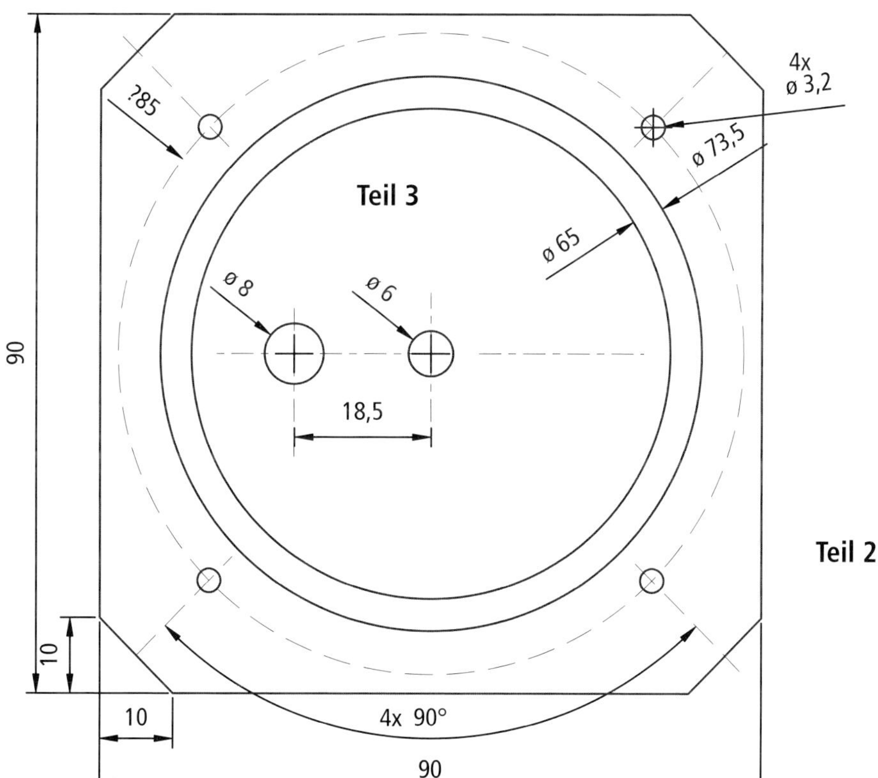

Andrückplatte Alu 2,5 mm
Dichtungszentrierscheibe

M 1:1

Hinweis! Teil 2 und 3 können aus einem Blechzuschnitt gefertigt werden

Teil 16

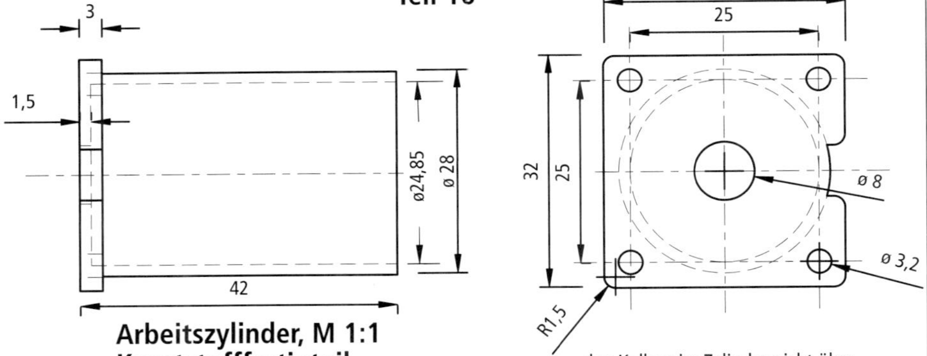

Arbeitszylinder, M 1:1
Kunststofffertigteil

den Kolben im Zylinder nicht ölen

Teil 14

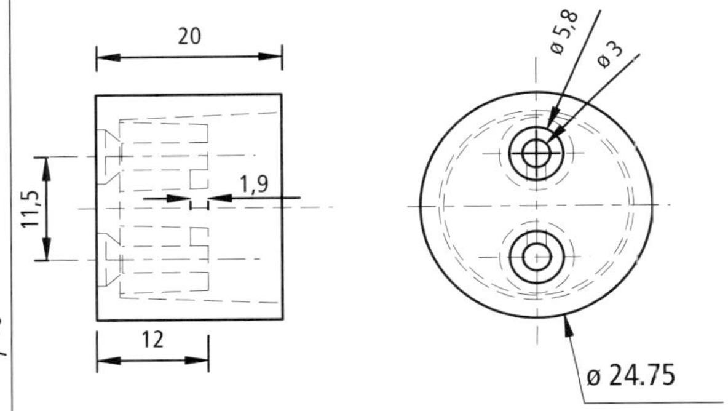

Arbeitskolben, M 1:1 Kunststofffertigteil

Teil 9

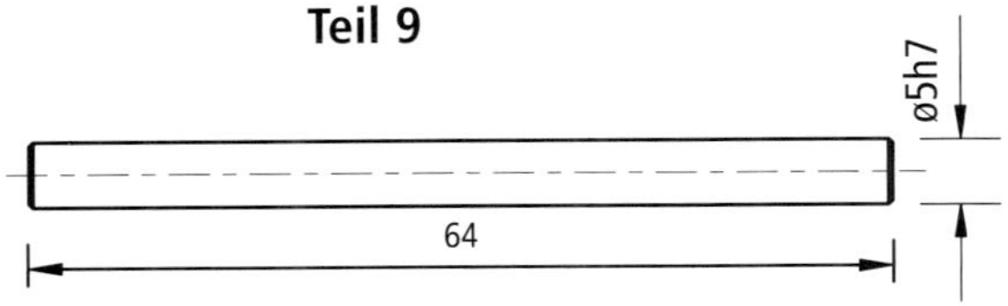

Welle, Werkstoff 1.4305 M 1:1 oder Silberstahl

Teil 18

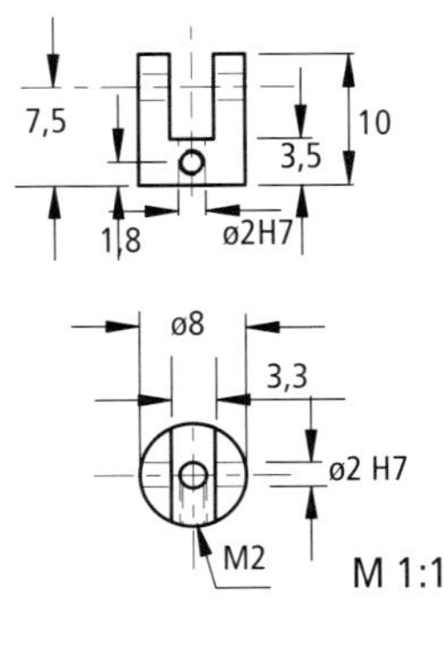

Verdrängerstangen-
gabelgelenk, MS58, ø8

Teil 7

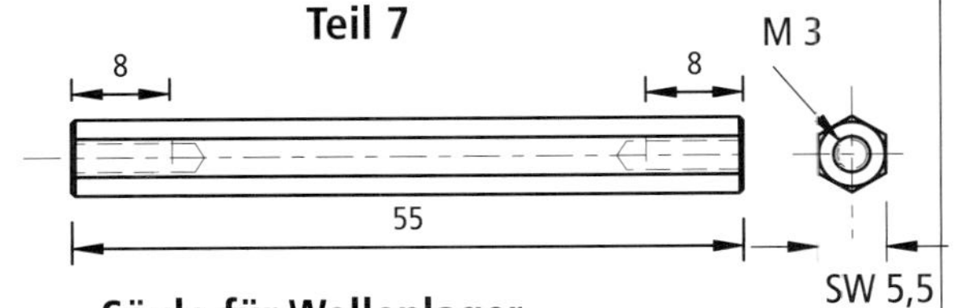

Säule für Wellenlager
Abstandsbolzen, M 1:1

Teil 17

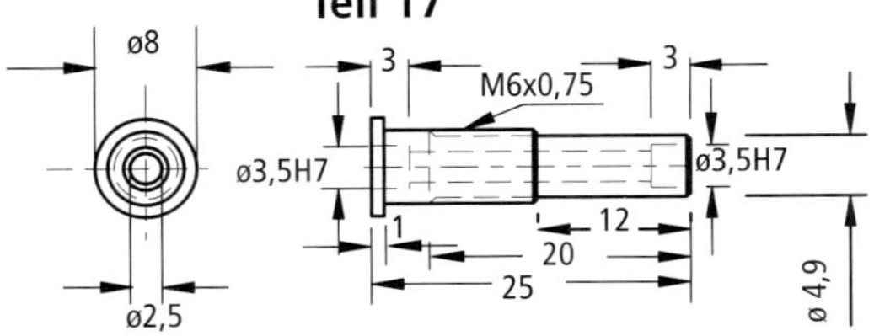

Verdrängerstangenführung
MS 58 ø 8 mm M 1:1

Teil 15

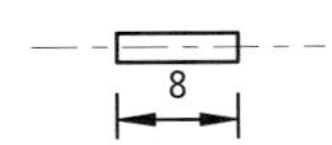

Kolbenbolzen / Stifte
ø2h7 MS 58 M 1:1

Teil 8

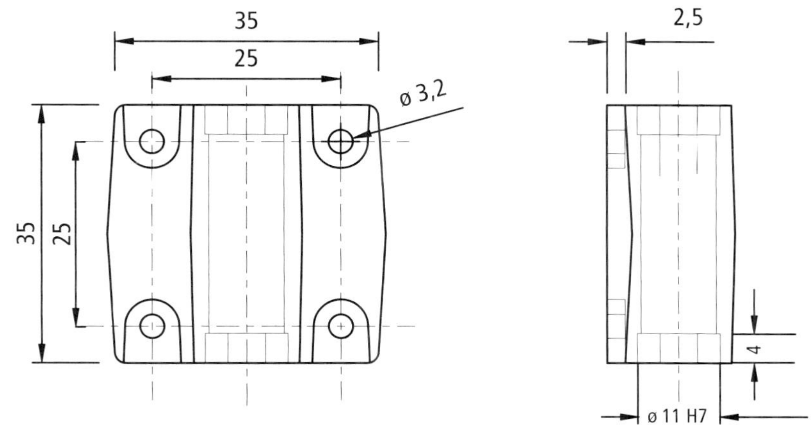

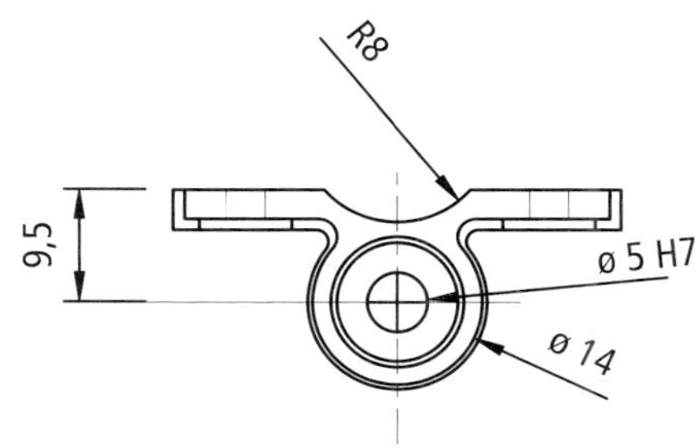

M 1:1

Lagergehäuse mit Gleitlagern

Teil 13

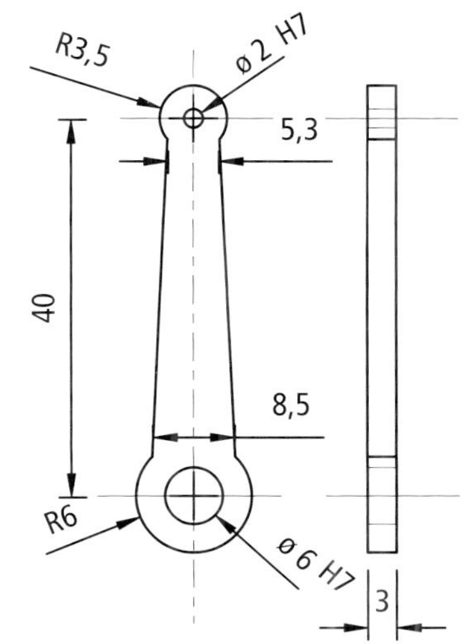

M 1:1

Arbeitskolben- und Verdrängerpleuel

Lagergehäuse u. Pleuel, Kunststofffertigteile

Teil 11

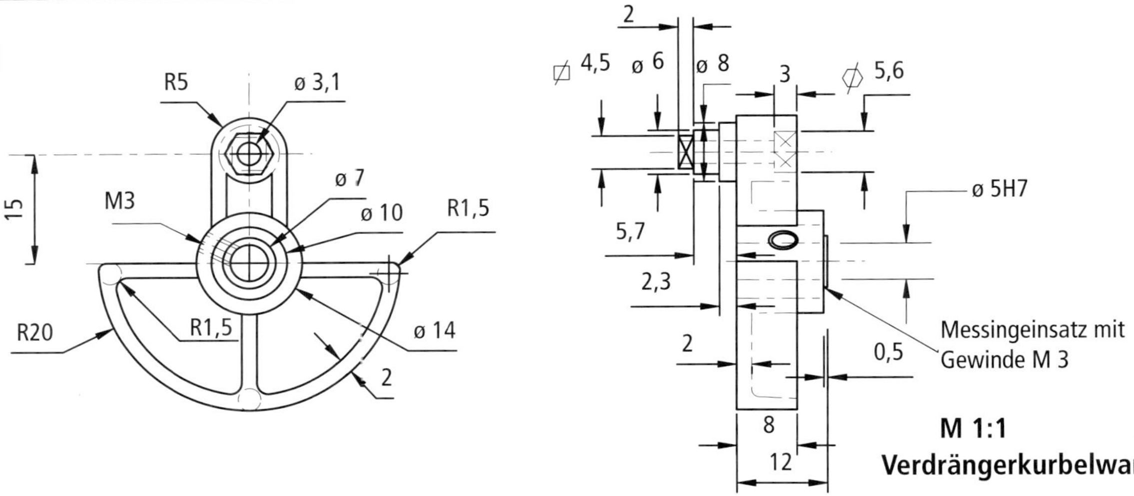

M 1:1
Verdrängerkurbelwange

Teil 12

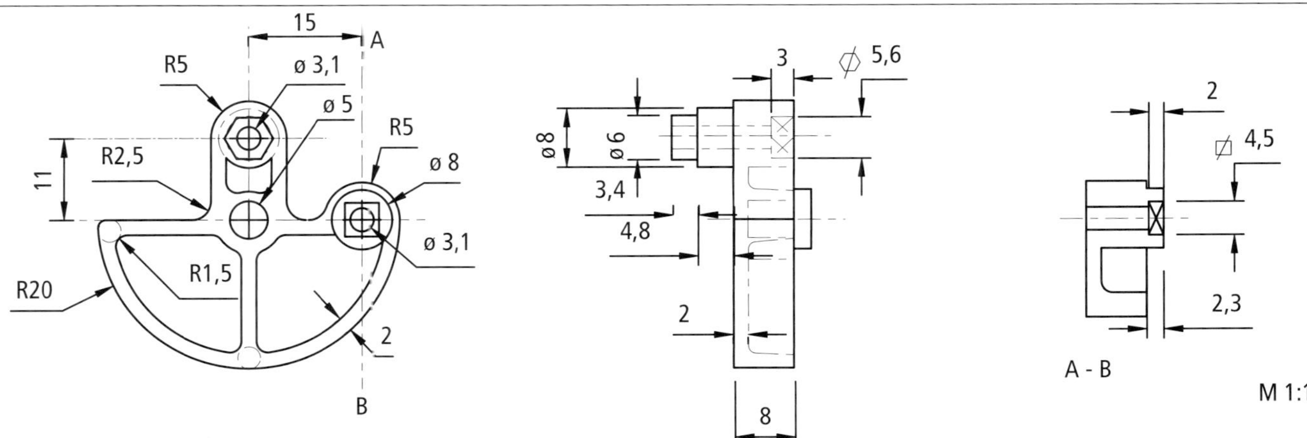

Kurbelwangen für Verdränger und Arbeitskolben
Kunststofffertigteile

Arbeitskolbenkurbelwange

Teil 10

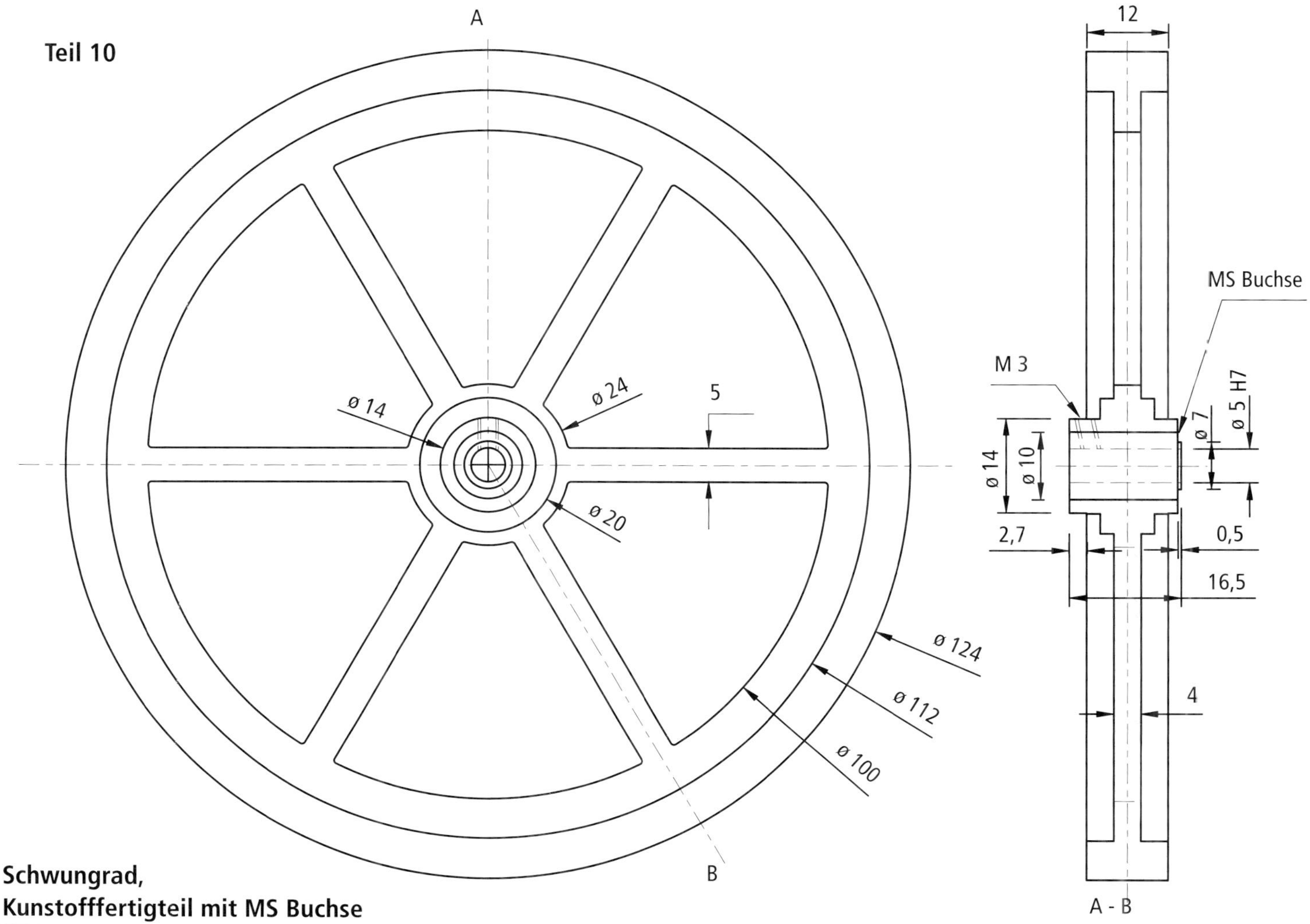

Schwungrad,
Kunstofffertigteil mit MS Buchse

Teil 19

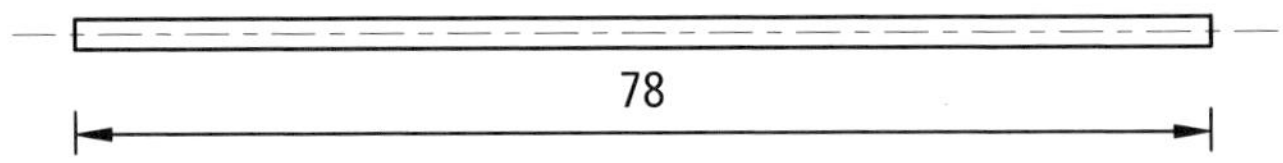

**Verrängerstange. ø2h7 W. 1.4305
oder Silberstahl M 1:1**

Teil 21

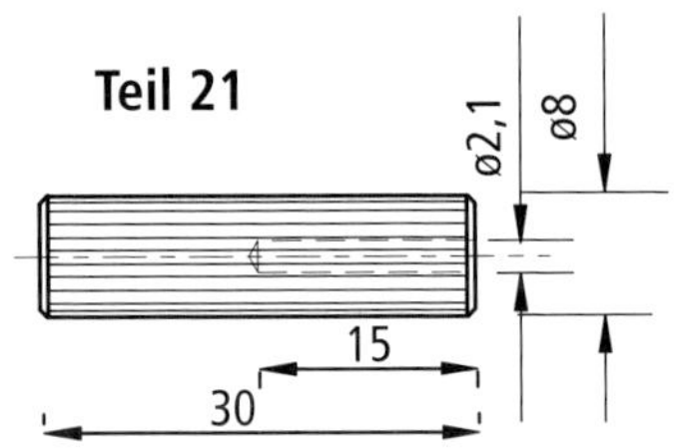

**Riffelholzdübel, M 1:1
ø8x30**

**Teil 20 komplett
M 1:1**

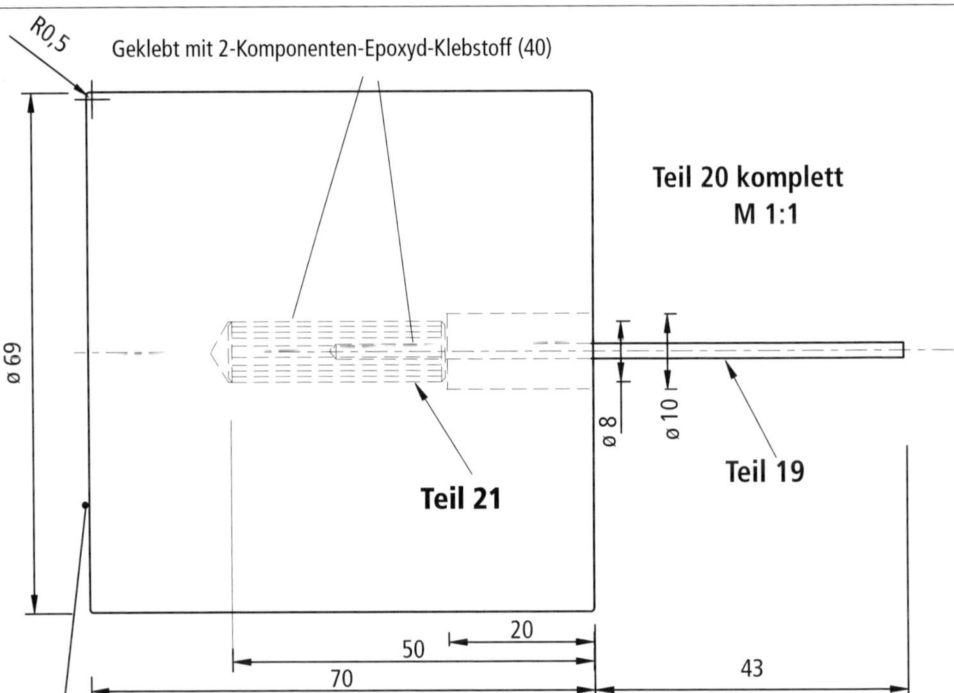

Als Hitzeschutz die Unterseite des Verdrängerkolbens mit Wasserglas streichen! Wasserglas ist in der Apotheke erhältlich. Den Anstrich mindestens 24 Stunden trocknen lassen!

Verdrängerkolben, Balsaholz

Inbetriebnahme

Nach dem sparsamen Ölen der Lager mit Rasenmäher-Motorenöl (mit einem Zahnstocher etwas Öl aufnehmen und an die Lager tupfen) wird zur Inbetriebnahme ein Teelicht angezündet und unter den Verdrängerzylinder gestellt. Nach einer Vorheizzeit von etwa 15 - 20 Sekunden wird das Modell, auf das Schwungrad gesehen, im Uhrzeigersinn angedreht. Eine halbe Umdrehung über den Totpunkt des Arbeitskolbens muss ausreichen, damit das Modell selbstständig weiterläuft. Ich gratuliere!!!

Bitte beachten Sie beim Betrieb des Modells:
Stets nur mit einem Teelicht betreiben. Nur Teelichte im Alubecher verwenden! Auf keinen Fall einen Spiritusbrenner einsetzen. Das Modell darf nicht längere Zeit mit einem brennendem Teelicht im Stillstand stehen. Der Verdränger aus Balsaholz würde dadurch überhitzt und bei höheren Temperaturen zerstört. Das Modell niemals unbeaufsichtigt laufen lassen! Sie handeln in eigener Verantwortung. Ich schließe ausdrücklich jede Haftung aus.

Beim normalen Betrieb des Modells wird die Unterseite des Balsaholzverdrängerkolbens in der Konservendose ca. 120°C heiß. Diese Temperatur verträgt das Balsaholz ohne Probleme. Bleibt das Modell aus irgendeinem Grund stehen und das Teelicht brennt weiter, wird die zugeführte Wärme nicht verbraucht. Die Temperatur an der Unterseite des Balsaholzverdrängerkolbens steigt dann in unzulässiger Weise an. Das Balsaholz verfärbt sich und bei weiter steigender Temperatur beginnt das Holz zu verkohlen, erkennbar am Geruch nach verbranntem Holz.
Falls beim Anlauf oder während des Betriebs laute Knackgeräusche zu vernehmen sind, stammen diese vom einem zu wenig steifen Dosenboden. Durch die Druckschwankungen im Zylinder wird der Dosenboden bewegt.

Abhilfe: Stellen Sie die Dose mit dem Boden mittig auf den Schraubverschluss einer Flasche oder auf einen Kronenkork und drücken Sie eine kleine Delle von innen nach außen in den Dosenboden. Sie können zum Drücken eine Säule (37) verwenden. Der Dosenboden erhält dadurch mehr Spannung.
Sie werden während der ersten Betriebsstunden bemerken, dass sich einige Wassertropfen im Arbeitszylinder ansammeln. Ursache ist die natürliche Feuchtigkeit des Balsaholzes. Durch die Wärme verdunstet sie und kondensiert im relativ kühlen Arbeitszylinder. Das Wasser verschwindet nach einigen Betriebsstunden. Wenn das Modell lange nicht betrieben wird, nimmt das Balsaholz wieder Feuchtigkeit aus der Umgebungsluft auf.

Und wenn das Modell nicht läuft?
Daran kann eigentlich nur der Balsaholzverdrängerkolben schuld sein. Wenn der Verdrängerkolben oben oder unten am Dosenboden ansteht, stimmt die Länge der Verdrängerstange (43 mm) nicht. Bitte nachmessen und falls zu lang, abfeilen; falls zu kurz, die obere Fläche vom Balsaholz mit einem scharfen Messer vorsichtig um das fehlende Maß abschneiden. Ist zuviel Kleber in der 10 mm Bohrung, so dass die Verdrängerstangenführung nicht mehr 18 mm tief in den Verdrängerkolben eintauchen kann, ist das Teil nicht mehr zu retten. Ein neuer Verdrängerkolben muss her! Streift der Verdrängerkolben an der Dosenwand, müssen Sie die Seite vom Balsaholz, die streift, mit einem scharfen Messer vorsichtig abschneiden. Sie können die Stelle am Kolben feststellen, indem Sie das Gabelgelenk (18) von der Verdrängerstange abschrauben und den Verdrängerkolben in der Verdrängerstangenführung um seine Längsachse rotieren lassen. Die Stelle, die am weitesten schlägt, muss vorsichtig abgeschnitten werden.

7 Der besondere Leckerbissen

Ein perpetuum mobile? –Nein, ein verblüffendes Modell!

Als Dessert noch einmal ein Modell. Hier wird Genauigkeit gefordert.
Es ist ein Stirlingmotor-Modell! Die Temperaturdifferenz zwischen Ihrer warmen Hand, die das Modell hält, und der Umgebungstemperatur reicht zum Betrieb aus. Es ist eine Wärmekraftmaschine, kein perpetuum mobile, wie es bei flüchtiger Betrachtung aussieht. Zu diesem Modell wurde ich durch eine Arbeit von J.R. Senft aus den USA angeregt. Herr Senft zeigte sein Modell zum ersten Mal 1986 auf der 3. Stirling-Konferenz in Rom. Seine Modelle wurden wiederholt nachgebaut und verkauft. Die Ausführung ist immer die gleiche, ein flaches Gehäuse liegt zur Wärmeübertragung auf der gestreckten Handfläche auf.

Das hier vorgestellte Modell ist im wesentlichen aus einer leeren Einweggetränkedose gebaut (Bild 35). Die Getränkedose, die in ihren Abmessungen für die menschliche Hand ausgelegt ist, bildet den Verdrängerzylinder (Teil 1). Die untere Hälfte der Dose ist die (hand)-warme Seite des Stirlingmotors. Die obere Hälfte mit der Deckplatte (Teil 3) und den Lagern für das Schwungrad (Teil 6), in der sich auch der Arbeitszylinder befindet, ist der kalte Teil mit Raumtemperatur.
In der Dose befindet sich der Verdrängerkolben (Teil 2), der über ein Pleuel (Teil 8) und durch einen Kurbelzapfen am Schwungrad vom Boden der Dose bis zur Deckplatte bewegt wird. Der Verdrängerkolben ist im Durchmesser ca. 2,5 bis 3 mm kleiner als der Innendurchmesser der Dose. Um den Verdrängerkolben ist ein Ringspalt, durch den die Luft in der Dose bei der Auf- und Ab-Bewegung des Verdrängerkolbens ungehindert strömen kann.
Der Arbeitskolben (Teil 4) ist über ein weiteres Pleuel (Teil 7) mit einem weiteren um 90° nacheilenden Kurbelzapfen verbunden. Dieser um eine viertel Umdrehung im Uhrzeigersinn versetzte Kurbelzapfen bildet mit einer Kurbelwange (Teil 5) eine zweifach gekröpfte Kurbelwelle. Die Laufrichtung des Modells, auf den Arbeitskolben gesehen, ist gegen den Uhrzeigersinn.

Bild 35:
Das „Verblüffende Modell“, gebaut aus einer Getränkedose.

Wird der untere Teil der Dose mit der Hand umfasst, ohne zu drücken und die relativ dünnwandige Dose zu verformen, erwärmt sich die Dose unten auf etwa Handwärme. Diese kleine Temperaturdifferenz von etwa 30 bis 35°C im unteren Teil und 20 bis 22°C der Raumtemperatur im oberen Bereich der Dose reicht zum Betrieb dieses Modells aus. Durch einen kleinen Dreh am Schwungrad gegen den Uhrzeigersinn startet der Stirlingmotor! Der Verdrängerkolben aus leichtem Styropor oder ähnlichem wird dabei nach oben gehoben, alle Luft im Getränkedosen-Verdrängerzylinder strömt nach unten und erwärmt sich an den Dosenwänden. Warme Luft dehnt sich aus, der Druck in der ganzen Dose steigt und drückt den Arbeitskolben nach oben.
Der Arbeitskolben dreht jetzt über sein Pleuel und den Kurbelzapfen das Schwungrad weiter. Der Verdrängerkolben bewegt sich dadurch wieder nach unten. Die Luft im Verdrängerzylinder wird nach oben in den kalten Bereich geschoben und kühlt ab, der Druck fällt. Auf den Arbeitskolben übt jetzt der äußere Luftdruck eine Kraft nach unten aus. Der Versatz von ¼ Umdrehung (entsprechend 90° Drehwinkel) der beiden Kurbelzapfen bewirkt, dass das Maschinchen wie ein ausgewachsener Stirlingmotor läuft.

Damit das Modell gut läuft, muss alles superleicht gängig und dicht sein! Der Kolben ist so einzupassen, dass er durch sein Eigengewicht im Zylinder gleitet. Dabei muss er aber auch noch dicht sein. Die Gleitlager der Verdrängerkolbenstange (1 mm ϕ) dürfen keine Luft entweichen lassen! Auch der Verdrängerkolben muss durch sein Eigengewicht nach unten gleiten. Der Durchmesser des Arbeitskolbens beträgt 18 mm, der Hub 7,5 mm; als Material eignet sich Graphitkohle oder Messing, mit Graphitpuder geschmiert. Der Hub des Verdrängerkolbens beträgt 15 mm.
Die Unterseite des Verdrängerkolbens muss der Kontur des Bodens der Getränkedose angepasst sein. Der Spalt zwischen Dosenboden und Verdrängerkolbenunterseite im unteren Totpunkt und der Deckplatte und Verdrängerkolbenoberseite im oberen Totpunkt sollte nicht größer als jeweils 0,5 mm sein. Die ganze Luft in der Getränkedose soll vom „warmen" Raum im unteren Teil der Dose in den „kalten" Raum im oberen Teil verschoben werden. Damit ist gewährleistet, dass die größtmögliche Druckänderung im Modell entsteht. Sie beträgt 5 bis 10 mm Wassersäule, wenn der Arbeitskolben nicht bewegt wird.

Bild 36:
Das „Verblüffende Modell" ist kein perpetuum mobile, sondern ein Stirling-Motor, der bereits durch die Wärme der menschlichen Hand läuft, die ihn im unteren Bereich festhält.

Stückliste für den Getränkedosen-Stirlingmotor „Das verblüffende Modell"

Teil	Menge	Benennung	Material	Quelle	Bemerkung/Best.Nr.
1	1	Verdrängerzylinder	Getränkedose gekürzt	n.Z. Seite 119	
2	1	Verdrängerkolben	Styropor/Styrodur	n.Z. Seite 119	Baumarkt 3x20 mm verklebt
3	1	Deckplatte/Arbeitszylinder	Al hart (AlMgCuPb)	n.Z. Seite 120	Modellbauversand, Dreherei
4	1	Kolben	Graphit/Kohle/Ms	n.Z. Seite 122	Dreherei, Werkstatt
5	1	Kurbelwange	Al hart	n.Z. Seite 122	Conrad Electronic 238384-66
6	1	Schwungrad	Al hart	n.Z. Seite 121	Modellbauversand, Dreherei
7	1	Pleuel	Ms Draht ϕ 1mm	n.Z. Seite 122	Conrad Elektronic 297208-66
8	1	Pleuel	Ms Draht ϕ 1mm	n.Z. Seite 122	Conrad Electronic 297208-66
9	1	Lagerbock	Al hart	n.Z. Seite 122	Modellbauversand, Werkstatt
10	1	Dichtring	Silicon / O Ring		nach Beschreibung
11	1	Welle	Silberstahl ϕ3mm	n.Z. Seite 123	Conrad Electronic 237051-66
12	1	Wellensicherung	Normteil		Conrad Elektronic 237531-66
13	4	Kugellager ϕ 3 x ϕ 7 x 3	Normteil		Conrad Electronic 214590-66
14	3	Gleitlager	Polyamid / Teflon	n.Z. Seite 123	Conrad Electronic 237990-66
15	1	Zylinderschraube	Normteil DIN 84	M 3x6	
16	1	Halter für Kolben	Polyamid / Plexiglas	n.Z. Seite 122	Conrad Electronic 238023-66
17	1	Kolbenbolzen	Ms Draht ϕ1mm	n.Z. Seite 123	
18	1	Gelenk	Al hart	n.Z. Seite 123	
19	1	Zylinderschraube	Normteil DIN 84	M 3x12	
20	3	Distanzscheibe	Al hart / Ms	n.Z. Seite 123	
21	1	Zylinderschraube	Normteil DIN 84	M 3x10	
22	1	Verdrängerstange	Ms Draht ϕ 1 mm	n.Z. Seite 123	
23	1	Stiftschraube	Normteil	M 2x2,5	nach Beschreibung
24	2	Zylinderschraube	Normteil DIN 84	M 2,5x6	
25	1	Stiftschraube	Normteil DIN	M 3x5	Conrad Electronic 237507-66
26	1	Auswuchtblei	eventuell Lötzinn	ϕ 6 x7	nach Beschreibung
27	1	Distanzscheibe	Al hart / Ms	n.Z. Seite 123	

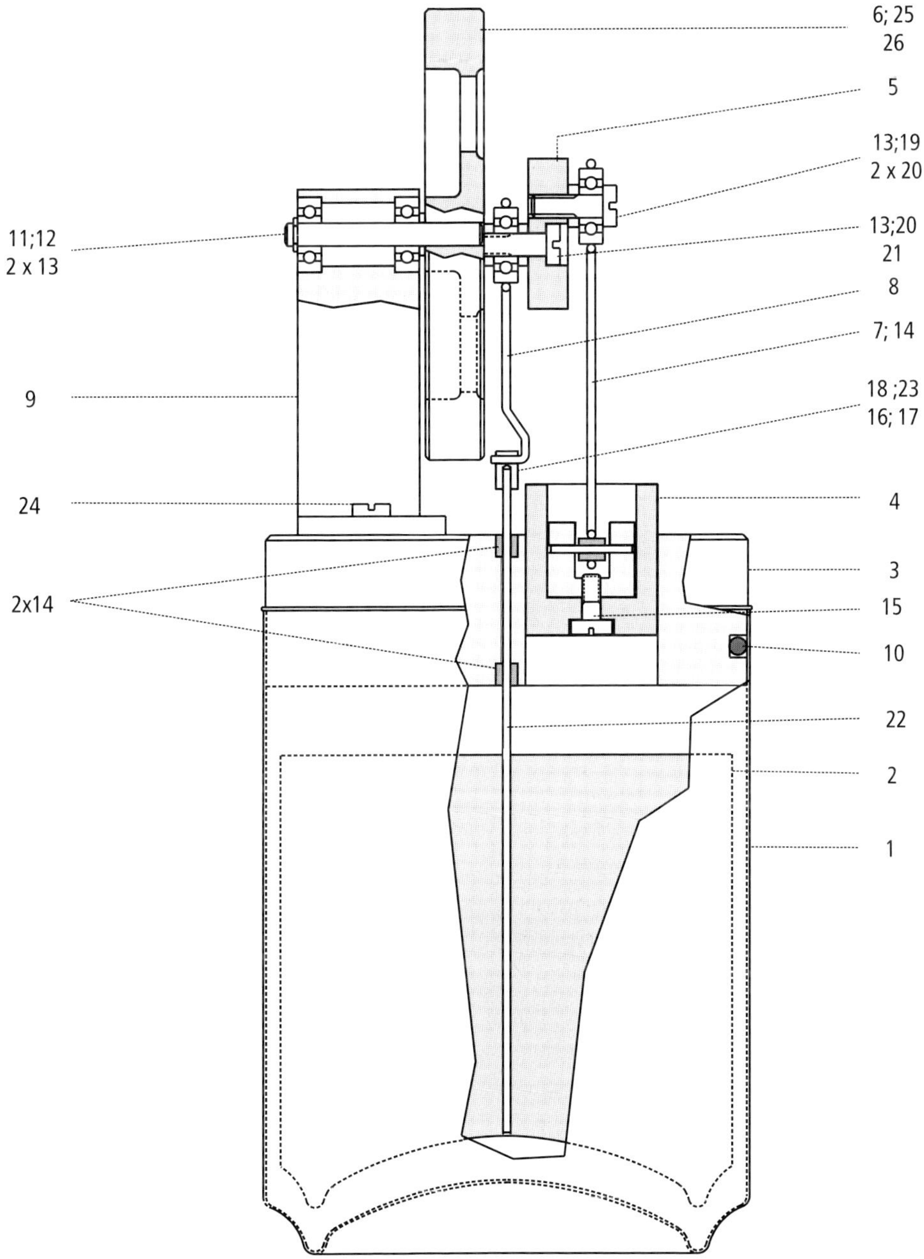

Übersichtszeichnung: Modellwärmekraftmaschine **M 1:1**

Ein in den Verdrängerkolben eingebauter Regenerator wie bei dem Konservendosenmodell bringt hier keinen Gewinn. Für die Wärmeübertragung ist es günstiger, wenn die Luft zwischen der Verdrängerkolben-Außenseite und der Dosenwand hin und her strömt. Das Modell läuft am besten, wenn die Getränkedose nur im unteren Bereich (etwa ein Viertel bis ein Drittel der Dosenhöhe) von der Hand erwärmt wird.
Bitte verwenden Sie rostfreie Kugellager, wie in der Stückliste angegeben. Diese Lager sind mit Deckscheiben staubgeschützt und für ihre Lebensdauer geschmiert. Für unsere Anwendung müssen wir die neuen Lager mit sauberem Petroleum oder Waschbenzin, entgegen allen Vorschriften, auswaschen und mit sauberer, trockener Pressluft mit nur geringem Druck (max. 1 bar) trocken blasen. Das Auswaschen des Schmierfilmes aus den fabrikneuen Kugellagern bewirkt, dass die Lager noch leichter „laufen", aber nicht mehr gegen Korrosion geschützt sind. Aus diesem Grund sind rostfreie Lager einzusetzen! Damit die geringe Energie, die unsere warme Hand liefert, zum Antrieb dieses Modells ausreicht, sind sonst nicht übliche Maßnahmen hier ausnahmsweise erlaubt.
Das Modell wird mit Sicherheit nicht wegen vorzeitigem Lagerverschleiß durch unsachgemäße Behandlung der Kugellager ausfallen. Die Belastung der Lager durch Kräfte und Drehzahl bewegt sich in Größenordnungen, die in den Belastungstabellen der Hersteller zur Ermittlung der Lebensdauer noch nicht aufgeführt sind.

Anfertigen der Teile

Zum Anfertigen der Teile für dieses Modell benötigen Sie eine kleine Drehmaschine mit einem Drehfutter-Spanndurchmesser bis ca. 70 mm. Zum Bearbeiten der Zylinderbohrung im Teil 3 ist die außermittige Aufspannung auf einer Planscheibe sinnvoll. Die Fräsarbeiten am Lagerbock (Teil 9) können auch mit der Drehmaschine durchgeführt werden, wenn Sie das Werkstück statt einem Drehmeissel in den Werkzeughalter einspannen und mit einem Fräser, in das Drehfutter eingespannt, das Werkstück bearbeiten.
Die Kugellager und der Arbeitskolben müssen mit einer Genauigkeit von unter einem hundertstel Millimeter eingepasst werden. Dabei brauchen Sie die absoluten Maße nicht zu erreichen. Der Kolben kann in die Zylinderbohrung im Teil 3 eingepasst werden und die Kugellagersitze können Sie mit den Lagern als Lehrdorn bearbeiten. Ein zu lose ausgefallener Lagersitz lässt sich mit Zweikomponenten-Kleber als Lagerbefestigung retten. Mit einer Portion Improvisation und einigen Tricks lassen sich alle Teile auf der Drehmaschine anfertigen.

Verdrängerzylinder (Teil 1)

Verwenden Sie eine 0,5 l Getränkedose aus Eisenblech. Die Höhe sorgfältig mit einem Höhenreißer oder einer stabil auf 85 mm Höhe eingespannten Reißnadel anreißen. Zum Abschneiden des dünnen, nur etwa 0,1 mm starken Bleches brauchen Sie eine hochwertige Blechschere. Die Blechschere darf das Blech nicht umbiegen und zwischen den Schneiden einklemmen.

Tragen Sie bei der Bearbeitung der Getränkedose Lederschutzhandschuhe!

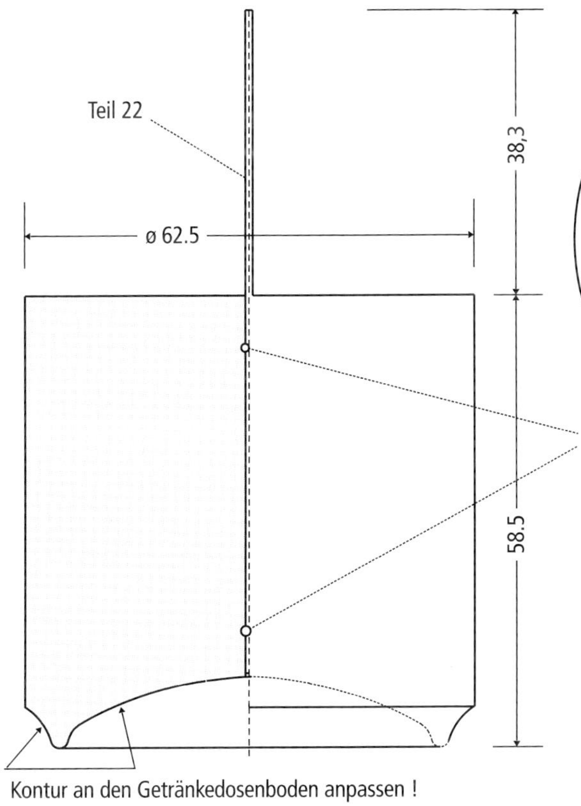

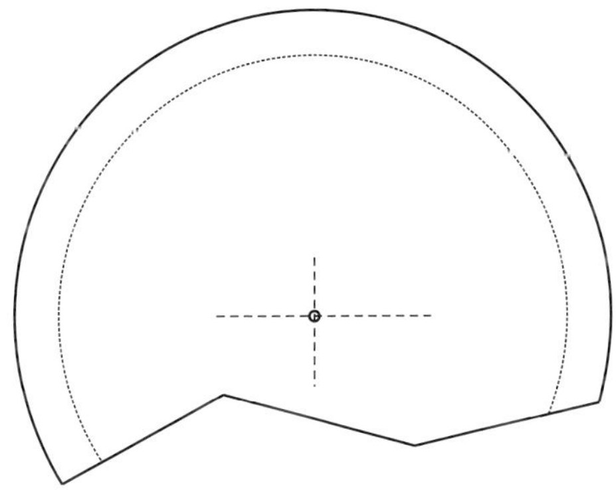

Teil 2:
Verdrängerkolben
Styropor oder Styrodur

M 1:1

M 1:1

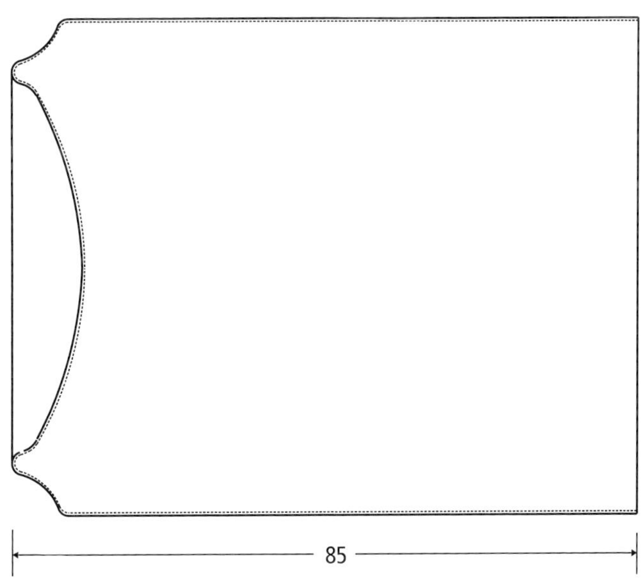

Teil 1:
Verdrängerzylinder
aus einer Getränkedose

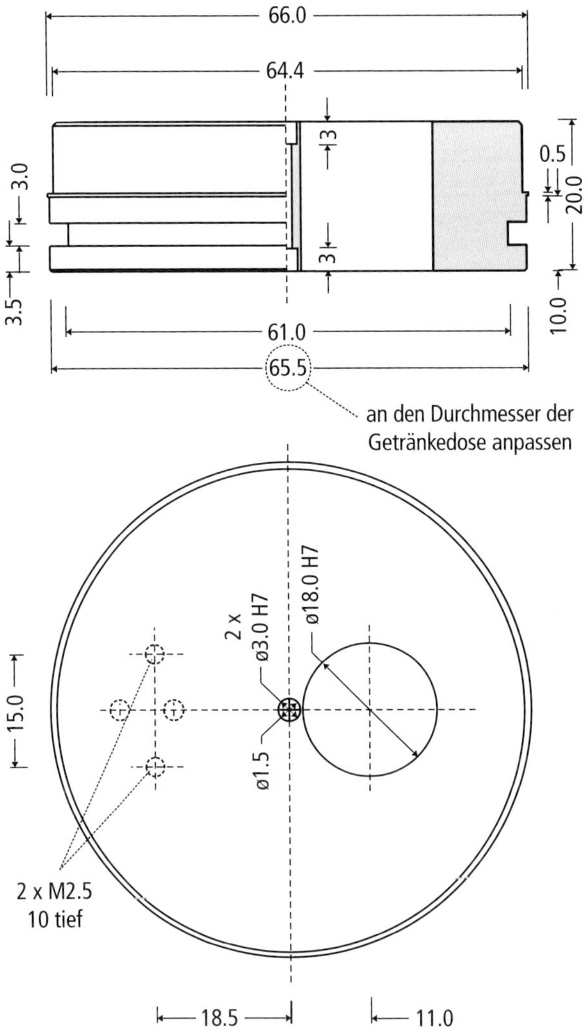

Teil 3:
Deckplatte mit Arbeitszylinder; Alu hart M 1:1

Die Höhe der abgeschnittenen Dose muss auf 0,3 mm am ganzen Umfang stimmen, damit die Deckplatte nicht schräg aufliegt. Die Schnittkante mit Schleifpapier entgraten und innen anfasen. Drücken Sie dazu mit einer kreisenden Bewegung des schräg an die Schnittinnenkante angedrückten Durchschlages das Blech etwas nach außen. Die Dose dabei nicht verformen.

Verdrängerkolben (Teil 2)

Falls Sie keine 60 mm starke Styropor-Platte auftreiben, verwenden Sie 3 Scheiben aus einer 20 mm dicken Platte. Das etwas dichtere hellblau oder hellgrün gefärbte Styrodur lässt sich leichter bearbeiten. Wenn Sie dieses Material bekommen können, verwenden Sie es. Die Scheiben mit einem Durchmesser von etwa 65 mm werden mit UHUpor zu einem Zylinder verklebt (Gebrauchsanweisung auf der Klebertube beachten).
Dieser Zylinder wird nun auf eine runde Sperrholzscheibe, die Sie in das Spannfutter Ihrer Drehmaschine einspannen können, aufgeklebt. Den Styropor- oder Styrodur-Zylinder bei hoher Drehzahl mit Schleifpapier auf Maß bearbeiten. Saugen Sie den entstehenden Staub unmittelbar am Werkstück mit dem Staubsauger ab. Zur Bearbeitung der Unterseite des Verdrängerkolbens eine Getränkedose in der Längsachse auseinanderschneiden und den halben Boden als Schablone verwenden.

Nach der Fertigstellung der Form kann der Verdrängerkolben mit einem dünnen scharfen Messer oder mit einem heißen Draht von der Sperrholzscheibe abgeschnitten werden. Nun wird aus einem Streifen Eisen- oder Zinkblech (0,5 bis 0,6 mm dick) ein Ring mit einem Innendurchmesser von 62,5 mm gebogen und der Verdrängerkolben in diesem Ring zur Fertigbearbeitung in das Drehfutter eingespannt. In dieser Einspannung ist auch die Bohrung für die Verdrängerstange (Teil 22) zu bohren.

Die Bohrung wird dabei weder einen genauen Durchmesser bekommen, noch wird sie sauber und rund sein. Damit die Verdrängerstange dennoch genau in der Mitte und auch gerade eingeklebt ist, lassen Sie den Verdrängerkolben nach dem Bohren in der Drehmaschine eingespannt. Füllen Sie reichlich nach Vorschrift angemischten Zweikomponenten-Kleber in die Bohrung. Die Verdrängerstange in das Bohrfutter im Reitstock der Drehmaschine einspannen und mit dem Reitstock in die klebergefüllte Bohrung auf Maß einschieben. Austretenden Kleber von der Stange bitte sauber entfernen. Nach dem Aushärten des Klebers den Kolben mit der Stange vorsichtig, ohne etwas zu verbiegen, ausspannen.

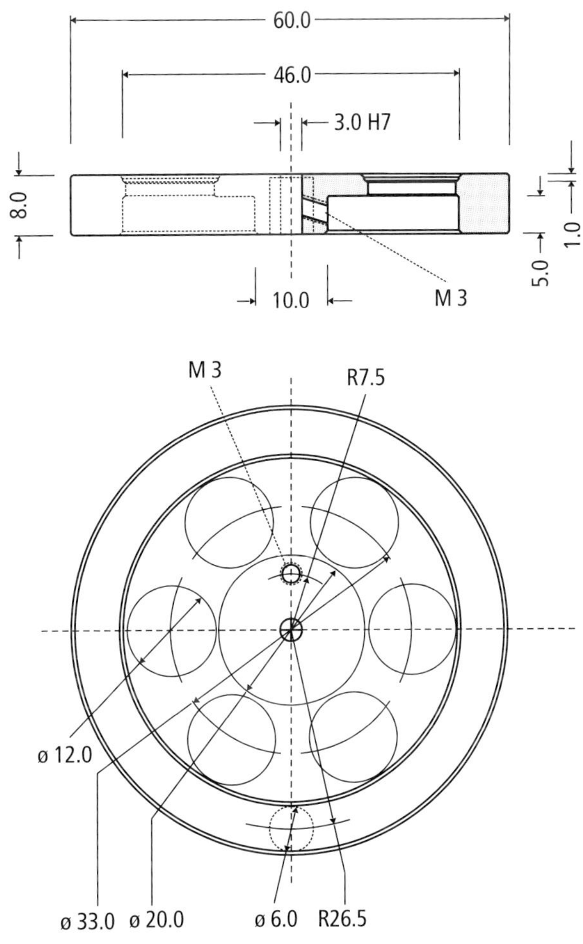

Teil 6: Schwungrad Alu hart M 1:1

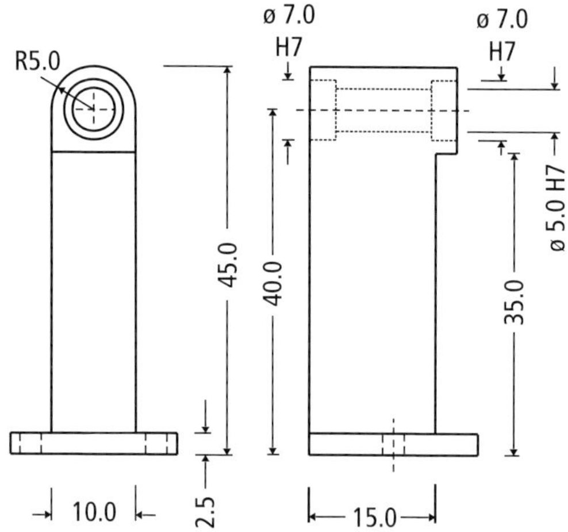

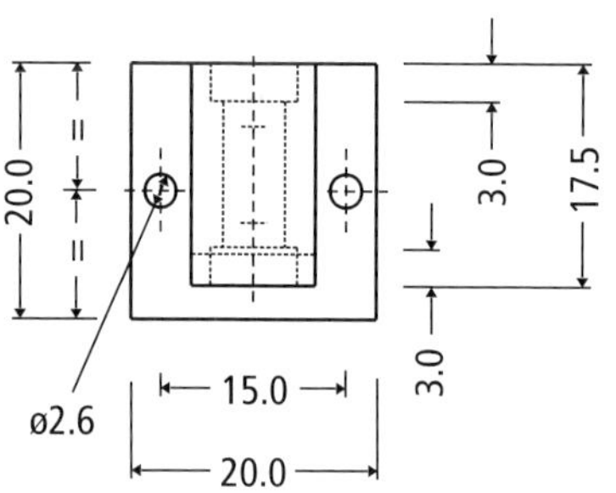

Teil 9
Lagerbock
Alu hart
M 1:1

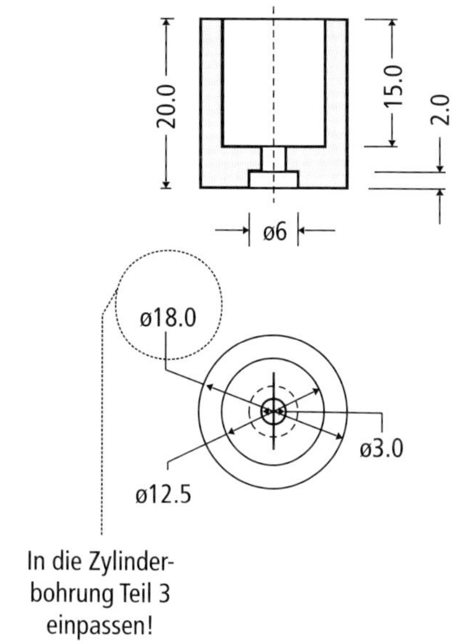

Teil 4: Kolben
Graphit, Kohle, Messing M 1:1

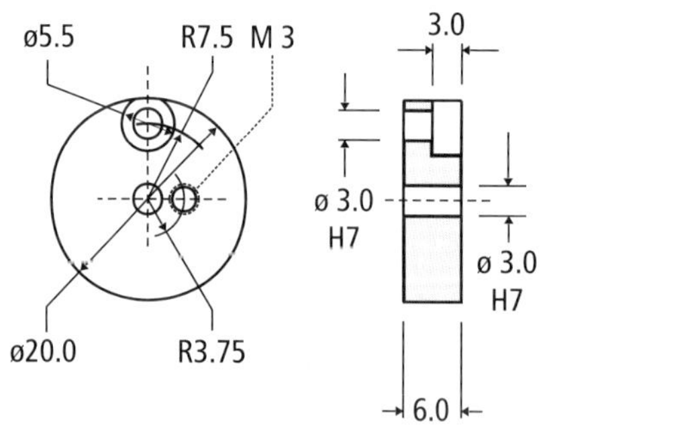

Teil 5: Kurbelwange Alu hart M 1:1

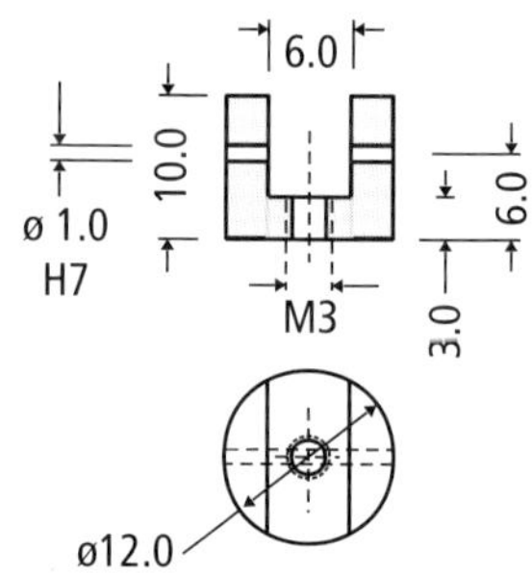

Teil 16: Halter
Polyamid, Plexiglas M 1:1

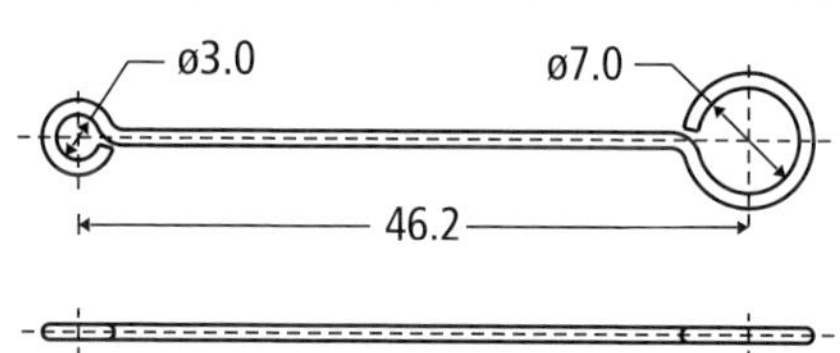

Teil 7: M 1:1
Pleuel für Arbeitskolben MS 1mm ø

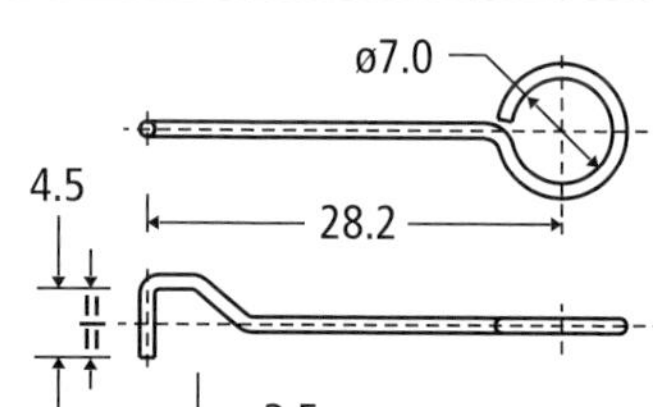

Teil 8: Pleuel für M 1:1
Verdrängerkolben, MS 1mm ø

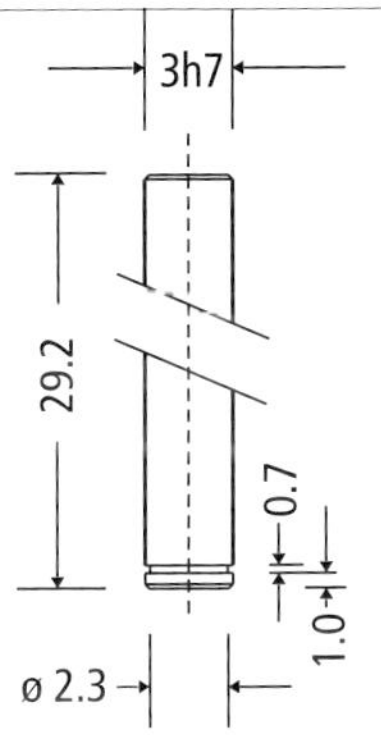

Teil 11 M 2:1
Welle
Silberstahl

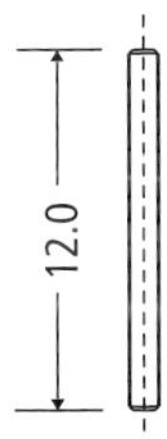

Teil 17 M 2:1
Kolbenbolzen
MS ø 1.0 mm

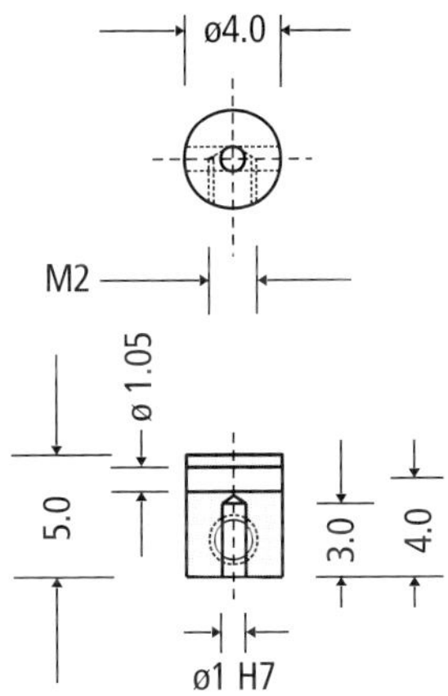

Teil 18
Gelenk, Alu/MS M 2:1

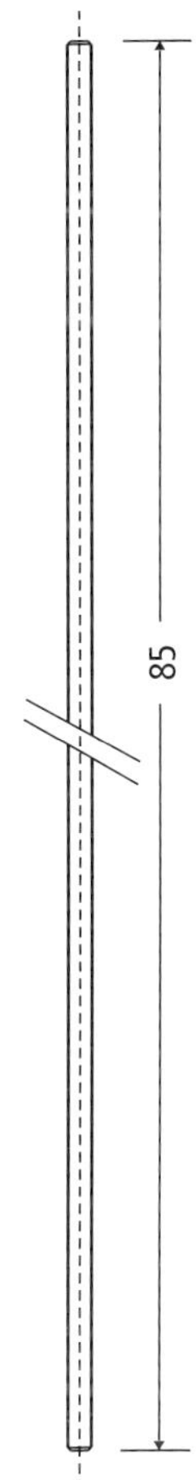

Teil 22
Verdrängerstange
MS ø 1.0 mm M 2:1

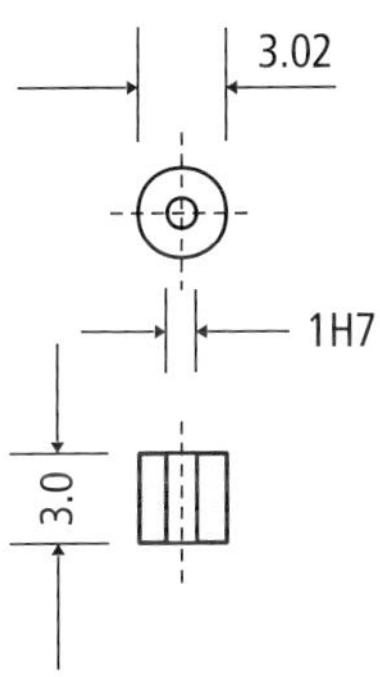

Teil 14
Gleitlager
Teflon, Polyamid M 2:1

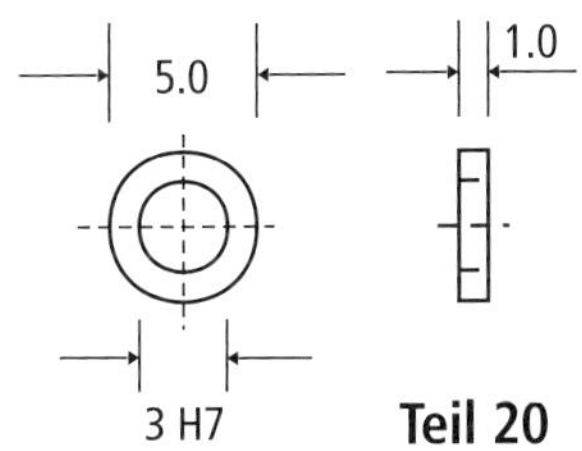

Teil 20

M 2:1

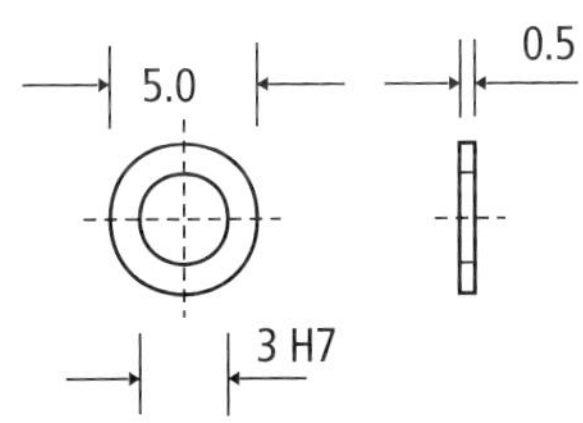

Teil 27: Distanzscheibe
MS / AL ø 5 mm

Deckplatte mit Arbeitszylinder (Teil 3)

Verwenden Sie möglichst hartes Aluminium, es lässt sich leichter bearbeiten und die Oberflächen werden mit einfachem Werkzeug glatter als bei weichen Legierungen. 20 mm dickes Plattenmaterial hat sich gut bewährt und ist als Abfall relativ leicht erhältlich. Den Durchmesser von etwa 65,5 mm auf den Durchmesser der verwendeten Dose abstimmen. Der Durchmesser der Getränkedosen variiert um einige zehntel Millimeter. Der Durchmesser 64,4 mm an der Oberseite ist zum Aufschieben einer oberen Hälfte von einer anderen Getränkedose mit eingeklebtem Verstärkungsring aus 0,5 mm Blech als Deckel gedacht. Dieser Deckel ist in den Zeichnungen nicht enthalten.
Zum Bearbeiten der 18 mm-Zylinderbohrung das Teil mit Spanneisen und Spannschrauben auf die Planscheibe der Drehmaschine, 11 mm aus dem Zentrum versetzt, aufspannen. Sollten Sie keine Planscheibe für Ihre Drehmaschine besitzen und solte Ihr Dreibacken-Drehfutter genügend groß sein, lässt sich das Teil auch mit einer Beilage unter einer Futterbacke außermittig einspannen.

Achtung! Bevor Sie die Arbeit beginnen und die Machine einschalten, noch einmal die Spannschrauben oder das Drehfutter nachspannen. Wegen der außermittigen Einspannung des Werkstückes auf der Drehmaschine, und wegen der dadurch entstehenden erheblichen Unwucht sollten Sie die Maschine höchstens mit 100 bis 150 Umdrehungen pro Minute laufen lassen. Die Auswirkung eines bei zu hoher Drehzahl aus der Maschine geschleuderten Teiles an Ihrem Kopf brauche ich Ihnen nicht näher zu beschreiben.
Damit die Wandung der Bohrung möglichst glatt und gleichmäßig wird, den letzten Span mit sehr kleinem Vorschub ausdrehen. Die Bohrungsränder entgraten.

Kolben (Teil 4)

Für den Kolben hat sich weiche Graphit-Kohle gut bewährt. Sie ist selbstschmierend. Messing hart können Sie auch verwenden. Bei einem Messingkolben sollten Sie zur Gewichtsverringerung die Wandstärken auf 1 mm verringern und statt der Senkung für den Schraubenkopf die Unterseite des Kolbens 4 mm tief freidrehen. Den Messingkolben mit feinem Graphitpuder leicht einreiben. Der Kolben ist richtig eingepasst, wenn er von selbst durch sein Eigengewicht in der Bohrung gleitet und beim einseitigen Verschließen der Bohrung schwebt. Kein Öl oder Fett verwenden.

Kurbelwange (Teil 5)

Die Bohrung 3H7 wird nur zur Montage gebraucht. Beim Verschrauben der Kurbelwange mit dem Kugellager und mit den Distanzscheiben auf das Schwungrad stecken Sie bitte die Welle (Teil 11) zum Ausrichten durch die Kurbelwange in das Schwungrad. Die beiden Flächen 20 mm müssen planparallel zueinander sein.

Schwungrad (Teil 6)

Die 6 Bohrungen mit 12mm ϕ sollen dem Schwungrad ein professionelles Aussehen geben; außerdem zeigen sie die Drehzahl der laufenden Maschine gut an. Für die Funktion sind sie ohne Bedeutung. Die 7 mm tiefe Bohrung mit 6 mm ϕ im Außenring wird zum Gewichtsausgleich, zum Auswuchten des Verdrängers, mit Blei oder Lötzinn gefüllt.

Pleuel (Teil 7 und 8)

Die Pleuel werden aus 1 mm Messingdraht oder aus dem Eisendraht einer mittleren Büroklammer (bitte nachmessen) gebogen. Sollte der Messingdraht zu hart sein, mit der Gasflamme auf 400 bis 500 Grad erhitzen und in Wasser abschrecken. Stahldraht und eventuell auch der Draht der Büroklammer würde bei Temperaturen über 800°C und Abschrecken in Öl oder Wasser hart werden. Messing und Kupfer werden beim Abschrekken in Wasser weich. Die Ringösen mit einer Rund- und Flachzange um Bohrerschäfte formen. Der 7 mm-Durchmesser sollte etwas kleiner sein, damit die Ringöse durch die Federspannung fest auf dem Kugellager sitzt. Das Teflongleitlager (Teil 14) soll sich zügig in die 3 mm-Öse schieben lassen, ohne wieder herauszufallen.

Lagerbock (Teil 9)

Dieses Teil können Sie aus dem 20 mm Plattenmaterial wie Teil 3 auf der Drehmaschine bearbeiten. Die Beschreibung finden Sie weiter oben. Eine andere, für Sie eventuell einfachere Lösung für dieses Teil wäre die Anfertigung aus einem Stück Flachaluminium 10 x 15 mm, 40 mm lang, mit einer Hohlkehle (Radius 5 mm) an einem Ende. Am anderen Ende sind 2 Gewindelöcher M 3 anzubringen und in der Deckplatte (Teil 3) zwei Durchgangsbohrungen mit Senkungen auf der Unterseite für 25 mm lange Senkschrauben M 3. Die Lage der Löcher ist in der Zeichnung für Teil 3 markiert.
Zur Aufnahme der Kugellager wird ein Drehteil mit einem Durchmesser von 10mm und einer Länge von 17,5 mm angefertigt. In den Stirnseiten dieses Drehteiles sind die Lagersitze für die Kugellager anzubringen. Dieses Teil mit Zweikomponenten-Kleber in die Hohlkehle des Flachmaterials einkleben. Mit dieser Variante des Lagerbockes umgehen Sie die Fräsarbeiten.

Dichtring (Teil 10)

Als Dichtring können Sie einen käuflichen O-Ring mit den Abmessungen 2,5 mm x 60 mm Innendurchmesser verwenden. Der Gummi der üblichen O-Ringe ist relativ hart. Mit der in der Zeichnung angegebenen Nuttiefe muss der O-Ring um 0,25 mm verformt werden. Vor dem Aufschieben der Deckplatte fetten Sie bitte den O-Ring und den Dosenrand gut mit Vaseline aus der Apotheke ein. Sollte die Deckplatte nur schwer oder gar nicht in die angefaste Dosenöffnung rutschen (Vorsicht! den Dichtring nicht mit dem scharfen Dosenrand beschädigen), drehen Sie die Nuttiefe um 0,1 bis 0,15 mm tiefer. Ein selbst zusammengeklebter Dichtring aus Siliconrundschnur (2,5 ϕ) mm ist weicher und rutscht leichter beim Aufsetzen der Deckplatte. Siliconrundschnur können Sie selbst aus farblosem Silicon (in Kartuschen aus dem Baumarkt zum Abdichten von Fugen) herstellen. Schneiden Sie die konische Spritztülle, die mit der Kartusche mitgeliefert wird, so ab, dass der Öffnungsdurchmesser 2,5 mm beträgt.
Mit gleichmäßigem Spritzdruck einen 2,5 mm dicken Strang in Spiralform auf eine Wasseroberfläche legen. Dabei die Austrittsöffnung der Spritztülle nicht unter die Wasseroberfläche halten. Durch die Oberflächenspannung des Wassers schwimmt der noch klebrige Strang auf der Wasseroberfläche, obwohl er schwerer als das Wasser ist. Der noch klebrige Strang darf nicht am Beckenrand oder an einen Nachbarstrang anstoßen. Nach einigen Stunden ist die Silicon-Fugendichtmasse aus- und durchgehärtet. Die erzeugte Rundschnur mit dem gleichen Material zu einem Ring zusammenkleben. Die Enden vor dem Verkleben mit Brennspiritus reinigen und nicht mehr berühren. Zum Fixieren der Klebestelle jedes Ende mit 2 Stecknadeln einklemmen. Die Rundschnur nicht durchstechen oder beschädigen. Auch diesen Silicondichtring vor dem Einbau gut mit Vaseline einfetten.

Welle (Teil 11)

Den Silberstahl (3 mm ϕ) auf Länge abdrehen und die Nut für den Wellensicherungsring einstechen. Die Enden anfasen. Zur Vereinfachung können Sie auch die Welle 5 mm länger anfertigen und anstelle des Wellensicherungsringes einen Stellring mit einer Klemmschraube als Wellenfixierung verwenden.

Gleitlager (Teil 14)

Teflon ist zwar ein relativ teurer Kunststoff, bei der geringen Menge, die wir für die drei Lager benötigen, ist der Preis jedoch vernachlässigbar. Teflon wird im Handel als Rundmaterial auch mit 4 mm Durchmesser geführt. Das Problem wird für Sie nur sein, ein Stückchen mit 5 cm Länge zu bekommen. Fragen Sie im Freundeskreis.
Teflon lässt sich sehr gut bearbeiten; man kann es mit einem scharfen Messer zuschneiden, bis es im Drehfutter der Drehmaschine eingespannt werden kann. Es besitzt das beste Gleitverhalten aller Kunststoffe. Auch Polyamid ist geeignet, aber schwieriger zu bearbeiten. Sie brauchen, wie auch bei Teflon, superscharfe Werkzeuge.
Wenn die beiden Gleitlager in die Deckplatte (Teil 3) eingedrückt sind, muss die Verdrängerstange mit dem Verdrängerkolben in diesen Gleitlagern durch das Eigengewicht von selbst nach unten gleiten. Wenn das nicht der Fall ist, die Durchmesser der 1 mm-Bohrungen nacharbeiten.
Die Stiftschraube M 2 x 2,5 (Teil 23) wird von einer Schraube M 2 abgesägt und mit einem Metallaubsägeblatt ein Schlitz für den Schraubendreher angebracht. Die restlichen Teile dürften keine Probleme bereiten.

Endmontage

Die Endmontage ergibt sich aus der Zusammenstellungszeichnung. Wenn nichts streift, klemmt oder eckt, ist das Modell fertigt und läuft mit der Wärme Ihrer Hand. Der obere Teil muss dabei natürlich Raumtemperatur von 20 bis 22°C haben.
Und denken Sie daran, dass der Verdrängerkolben aus Styropor hergestellt ist. Temperaturen über 50°C verträgt er nicht.

Zur Freude nach getaner Arbeit

Als Schauobjekt können Sie das Modell auf zwei Widerstände (2 x 27Ω in Serie geschaltet, Best.Nr. 410160-44 bei Conrad Electronic) stellen und an Ihrer 12 V Halogenlichtanlage betreiben. Die Heizleistung beträgt dabei 2,66 Watt. Eine wärmebeständige Unterlage verwenden!
Auf einer Glasplatte stehend, kann das Modell von unten mit einer Osram Halospot-48-Lampe (12 V, 20 Watt) mit einem 8° Abstrahlwinkel und Aluspiegel angestrahlt und betrieben werden. Je nach Glasplatte kann der Lampenabstand bis 50 cm betragen. Wird das Modell frei aufgehängt, kann bei dieser Lampe der Abstand bis zu 1 m betragen. Zum Betrieb mit Sonnenstrahlung reicht ein Rasiervergrößerungsspiegel mit 11 cm Durchmesser. Bei der Bestrahlung mit einer Lampe oder durch die Sonne muss die Wölbung im Dosenboden zur besseren Strahlungsaufnahme mattschwarz eingefärbt sein.

Viel Freude an Ihrem gelungenen Werk!

Sie können dieses Modell und das Konservendosenmodell für Ihren privaten Bereich und an Schulen bauen und betreiben. Eine gewerbliche Verwendung ist nur mit der Zustimmung des Verfassers möglich. Beide Modelle sind gebrauchsmustergeschützt.

Dankeschön ...

An dieser Stelle möchte ich mich ganz besonders bei meiner Frau bedanken, die es nicht immer leicht mit mir hat. So manchen Feierabend und so manches Wochenende hat sie schon für mich getippt. Sie ist es auch, die oft die richtige Formulierung findet und meine Rechtschreibung in Ordnung bringt. Von meinen Söhnen stammt die Grundidee des Keksdosenmodells. Für die Weiterentwicklung in vielen gemeinsamen, anregenden Gesprächen und für die tätige Mithilfe möchte ich mich bei ihnen bedanken. Sie waren es auch, die während ihres Heranwachsens das ökologische Bewußtsein in unsere Familie getragen haben.

Öffentliche Förderungen erhalte ich nicht. Wie Sie sehen, werde ich bereits reichlich gefördert.

Ich danke auch allen Freunden, die ich bei der Arbeit am Stirlingmotor gewonnen habe, es sind viele! Stellvertretend und - bitte ohne Wertung - seien hier die Stirling-Arbeitsgruppen in München und Berlin-Dortmund-Hannover erwähnt. Einen herzlichen Dank auch für die bereits zahlreichen „Stirling-Geburtstagspartys“ (Inbetriebnahme von Stirlingmotoren ST 05 G).

Wenn statt Freude nur Frust aufkommt ...

Warum funktioniert es nicht so wie es soll?

Ein Stirlingfan teilte mir mit, daß er ein ganz besonders edles Dosenmodell gebaut hat. Er hat sogar die Dose aus Kupferblech selbst angefertigt. Leider ist dieses Modell nicht gelaufen - es kann nicht laufen! Kupferblech leitet die Wärme extrem gut, so daß die Dose vom Boden bis zum Deckel gleichmäßig warm wird. Wo soll die Luft da noch abkühlen? Das war ein Flop!
Ich mußte ihm noch einmal erklären, daß der Stirlingmotor nur arbeiten kann, wenn er einen Erhitzer, den Dosenboden, und einen Kühler, den Deckel der Dose, hat. Das ist auf den Seiten 12 bis 16 anschaulich erklärt.
Es ist auch schon einmal vorgekommen, daß jemand das Elefantenpapier für den Faltenbalg nicht vorgeprägt (wie auf Seite 46 beschrieben), sondern geritzt hat. Dieser Faltenbalg ist dann mit Sicherheit nicht mehr dicht und das Modell kann nicht laufen.
Zu Ihrer Information: Ein Dosenmodell mit einem Faltenbalg, angefertigt aus dem diesem Buch beiliegenden Spezialpapier, hat bei mir einen 30 tägigen Dauer-Testlauf absolviert (in diesem Fall elektrisch beheizt), bei dem der Faltenbalg über 10 Millionen Hübe ausgeführt hat. An dem Faltenbalg war nach den 30 Tagen kein Verschleiß zu sehen.
Und nun zur Prüfung der einzelnen Funktionen Ihres Modells. Bitte führen Sie die folgenden 6 Schritte am noch kalten Modell nacheinander durch:

1. Ist das Pleuel vom Faltenbalg (Teil 11) auf der Messinghülse (Teil 23) in jeder Stellung des Schwungrades *leicht und locker beweglich* ohne zu klemmen? Wenn nicht, die 4 mm Bohrung im Pleuel (Teil 11) etwas größer machen! Das Pleuel darf ruhig ein bißchen klappern! Siehe Seite 53.
2. Gleiches gilt für das Pleuel des Verdrängerkolbens (Teil 19): Leichtgängigkeit in jeder Stellung des Schwungrades prüfen und wenn erforderlich die 4 mm Bohrung im Pleuel (Teil 19) nacharbeiten! Das gleiche gilt auch für das untere Pleuellager am Stellring der Verdrängerstange.
3. Die Pleuel (Teil 11 und 19) von den Kurbeln (Teil 20 und 21) abschrauben.
4. Das Schwungrad mit dem Finger in Position drehen, so daß das Gegengewicht (Teil 32: Mutter M8) nach rechts oder links auf gleicher Höhe mit der Achse steht. Das Schwungrad loslassen. Das Gegengewicht muß das Schwungrad *in Bewegung setzen* und mit der Mutter nach unten weisend *einige Male* auspendeln. Falls nicht, die Lager (Teil 16) leichtgängiger machen.
5. Mit dem Pleuel (Teil 19) den Verdränger in der Dose an der Verdrängerstange hochheben und aus der oberen Stellung fallen lassen. Der Verdränger muß durch sein Eigengewicht fallen und sogar vernehmbar unten aufklopfen. *Er darf nicht streifen* (die Ausdehnung durch Erwärmung beachten). Falls er streift oder schwer geht, den Verdränger nacharbeiten und eventuell die Bundbuchsen (Teil2) ausrichten, damit die Verdrängerstange sich leicht bewegt.
6. Im Heizuntersatz ein Teelicht anzünden und das Modell darauf stellen. Nach der üblichen Vorheizzeit von etwa 1 Minute mit dem Pleuel (Teil 19) den Verdränger in der Dose an der Verdrängerstange hochheben. Den Verdränger bitte *nicht zu lange* auf dem Dosenboden aufliegen lassen, damit er nicht verbrennt. Die Luft in der Dose heizt sich unter dem Verdränger am Dosenboden auf und dehnt sich aus. Der Faltenbalg muß sich *kräftig heben und oben bleiben*. Er darf sich *nur sehr langsam* wieder senken. Der Faltenbalg sollte mindestens 1 Minute oben bleiben. Wenn Sie den Verdränger wieder nach unten gleiten lassen (er muß *auch warm noch leicht gleiten*), muß sich der Faltenbalg *mit Kraft zusammenziehen*.

Wenn Sie diese 6 Schritte mit Erfolg abgeschlossen haben und die Pleuel wieder an den Kurbelwangen angeschraubt sind, wird Ihr Modell nach dem Starten laufen (siehe Seite 54).

Wenn nicht, ist Ihr Modell nicht dicht und kann deswegen nicht laufen (siehe Seite 53, letzter Absatz).
Lesen Sie auch noch einmal die Seite 12 aufmerksam durch.

Diese 11 Hauptschüler der Technikgruppe H9 vom Schulzentrum Alpirsbach haben mir, nicht ohne Stolz, dieses Bild geschickt.

Auch den Brief des Lehrers dieser Gruppe möchte ich nicht unveröffentlicht lassen, beweist er doch, was in den oft so gescholtenen Hauptschülern schlummert. Ein wenig Motivation und Anerkennung bewirken Erstaunliches!

Herrn Dieter Viebach
Entwicklungsbüro, Elektromechanik, Elektromedizin
Spielhahnstr. 17
83059 Kolbermoor

Sehr geehrter Herr Viebach, Alpirsbach, 10.5.2005

der Nachbau Ihres Stirlingmotores hat uns großen Spaß gemacht. Selten habe ich so entspannte und dennoch konzentrierte Schülerinnen und Schüler gesehen.
"Endlich auch ein Projekt mit dem man den Realschülern und Gymnasiasten bei uns im Hause zeigt was man kann." Die Mischung aus Neugierde, Interesse und dem Wunsch etwas Besonderes zu leisten hat die Jugendlichen sehr motiviert. Sehr gefreut haben sie sich über Ihr Antwortfax. Ihrer Anerkennung ist den Schülerinnen und Schülern sehr wichtig.
Weil die Gruppe Ihr Buch oft zu Rate zog, sind Sie in unserem Technikkreis der unbestrittene Stirlingspezialist, was Ihr Lob natürlich noch wertvoller macht. Gerade Hauptschüler sind auf solchen Rückenwind sehr angewiesen, deshalb möchte auch ich mich an dieser Stelle herzlich bei Ihnen bedanken.

Mit freundlichen Grüßen
Andreas K.

An: Herrn Dieter Viebach

Fax: 08031 97727

Von: [redacted] [redacted]

Datum: 29. Mai 1998

Betreff: Stirlingmotor

Seiten: 1

Sehr geehrter Herr Viebach,

Mein Name ist [redacted], ich gehe in die 9. Klasse, und ich bin Schülerin des [redacted]-Gymnasiums in München.
Der Grund, weswegen ich Ihnen faxe, ist der Nachbau des Keksdosenmotors.
Irgendwie bekommen meine Schulkameradinnen und ich den Motor nicht zusammen, und daher kommt unsere Bitte und Frage, ob Sie uns, wenn wir Ihnen die Bestandteile zuschicken würden, den Motor zusammengebaut zurückschicken könnten.
Es wäre sehr, sehr wichtig, für unser Physikreferat, denn allzuviel gibt es nicht über den Stirlingmotor.

Ich danke Ihnen schon im voraus!

Mit freundlichen Grüßen

[redacted]

P.S. Auch wenn Sie es nicht bewerkstelligen können, schicken Sie mir bitte heute noch ein Fax, damit ich Bescheid weiß.
(Bitte auch, wenn Sie es machen!)

Dieter Viebach
Spielhahnstr. 17
Fax 08031 97727

83059 Kolbermoor, den 2. Juni 1998

Fax an die zukünftigen Technikerinnen der 9. Klasse vom ****** *** *******-Gymnasium in München

Betr.: Euer Hilferuf mit der Bitte um Beantwortung noch heute

Hallo liebe zukünftige Technikerinnen,
hallo ****** *****,

Euer Fax ist am Freitag vor Pfingsten um 15.08 Uhr in meiner Werkstatt eingegangen und hing heute in der Frühe aus dem Faxgerät.

So wie Euch die Ferien gut bekommen, gesteht Ihr mir doch sicher auch die Feiertage zu.

Zu Eurer Bitte, das Keksdosenmodell für Euch fertig zu bauen:
Im Interesse der Fairness gegenüber Euren Klassenkameraden, gegenüber Eurem Lehrer und letzlich auch, weil es für mich ein erheblicher Arbeitsaufwand wäre, werde ich das Modell nicht für Euch fertig bauen.

Zu Eurer Entlastung muß ich zugeben, daß meine relativ einfach gehaltene Bauanleitung für das Keksdosenstirlingmotormodell nicht näher auf die Arbeitsweise des Stirlingmotors eingeht, sondern dieses Wissen voraussetzt.
Damit das Physikreferat nicht in die Hose geht oder gar platzt, schlage ich vor, das Einverständnis Eures Lehrers natürlich vorausgesetzt, Ihr behandelt in dem Referat die Arbeitsweise des Stirlingsmotors mit Unterlagen aus meinem im Herbst im ökobuch Verlag erscheinenden Buch über die Nachfolgetype des Keksdosenmodells. Vorab-Auszüge aus meinem Manuskript für das Buch schicke ich Euch zum Gebrauch für das Referat gerne zu. Damit der Keksdosenmotor bei Eurem Referat auch im Betrieb zu sehen ist, schlage ich vor, Ihr zeigt mein Lehr- und Informationsvideo „Der Stirlingmotor ST 05 G“. Die ersten etwa 10 Minuten des Videos zeigen die vereinfachte Arbeitsweise des Stirlingmotors und das Keksdosenmodell im Betrieb.
Den Nachbau des Keksdosenmodells oder das verbesserte neue Konservendosenmodell, ausführlich beschrieben und behandelt in meinem oben erwähnten Buch, holt Ihr in einem Projekt in der 10. Klasse nach.
Wenn Euer Lehrer und Ihr mit meinem Vorschlag einverstanden seid, soll mich Euer Lehrer oder die Lehrerin anfaxen oder anschreiben. Ich schicke Euch dann die Videokassette und die Unterlagen zu.

Als kleine Gegenleistung könntet Ihr mir ein Amateurvideo von dem Referat und Euren anderen Stirlingaktivitäten senden.

Mit freundlichen Grüßen

Adressen

Material, Teile, Meßgeräte, Bücher und Werkzeug

Conrad Electronic
Klaus Conrad Straße 1
92240 Hirschau
Telefon: 0180 5312111
Fax: 0180 5312110

Elektronikteile, Meßgeräte und Werkzeug

Völkner GmbH,
Fachversand für Elektronik und Technik
Marienbergerstraße 10
38095 Braunschweig
Telefon: 0180 55 551

Material und Werkzeug für den Modellbau

Graupner Modellbau
Postfach 1242
73220 Kirchheim
Telefon: 0721 7220

Fertige Stirlingmodelle, Baupläne, Bücher, Videos und und auch den ***Bausatz VIEB 3***

Ellen Schmidt
Technische Raritäten
Postfach 2006
61410 Oberursel

DC-Motoren (als Generator für unser Modell)

MAXON Motor GmbH
Wardeinstraße 3
81825 München
Telefon: 089 4204930
Fax: 089 421089

Den Bausatz VIEB3 und preiswerte DC-Motoren beim Autor anfragen:

Dieter Viebach
Spielhahnstr. 17
83059 Kolbermoor

Modell-Bauanleitung für einen Solar-Stirlingmotor

Arbeitskreis Stirlingmotor München
Loristr. 1/I
80335 München
Fax: 089 184675
email: esg@rz.fh-muenchen.de
Bei Anfragen bitte ausreichendes Rückporto beilegen!

Dauerkonservendose Brilliant
Best.Nr. 061209 von der Fa. Ender, Gießen-Reiskirchen.

Im Internet kann die Dauerkonservendose bestellt werden über www.carlmeyer.de (eventuell Sammelbestellung)

Stichwortverzeichnis

Weitere Bücher im ökobuch Verlag

Gottfried Haefele, Wolfgang Oed, Ludwig Sabel

Hauserneuerung

Instandsetzen - Renovieren - Modernisieren: eine Anleitung zur Selbsthilfe. Das Buch beschreibt ausführlich den behutsamen, handwerklich sachgerechten und umweltverträglichen Umgang mit alter Bausubstanz.
237 S., 200 Abb., 21 x 21 cm , 10. Aufl. 2006 25,50 €

Ingo Gabriel, Heinz Ladener, Hrsg.

Vom Altbau zum Niedrigenergiehaus

Energietechnische Gebäudesanierung in der Praxis: Nachträgliche Wärmedämmung der Gebäudehülle, Fenstererneuerung, sowie Sanierung der Haustechnik einschließlich Lüftung, Heizung, Sanitär und Elektro.
262 S. m.v.z.T. farb. Abb., 21 x 21 cm, geb. 5. verbess. Aufl. 2006 29,90 €

Gernot Minke

Dächer begrünen – einfach und wirkungsvoll

Ratgeber für die Begrünung von Wohn- und Bürogebäuden, Garagen und Carports. Mit Konstruktionsdetails, Dachaufbauten, Begrünungssystemen, Kosten u. Selbstbauhinweisen. 94 S. m. v. Abb., 17 x 24 cm, 3. Aufl. 2006 12,70 €

Gernot Minke

Das neue Lehmbau-Handbuch

Umfassendes Lehrbuch und Nachschlagewerk: Es zeigt Einsatzmöglichkeiten, Eigenschaften und Verarbeitungstechniken des Baustoffes Lehm. Mit Forschungsergebnissen u. Beschreibungen ausgeführter Lehmhäuser.
340 S. m.v. Abb., 21 x 21 cm, gebunden, 6. erw. Aufl. 2004 35,30 €

Herbert und Astrid Gruber

Bauen mit Stroh

Bauen mit großformatigen Quadern aus gepreßtem Stroh: gebaute Beispiele, erprobte Bauformen und Konstruktionen, Besonderheiten, neue Projekte und Forschungen.
2. erweiterte Aufl. 2003, 112 S. m v.Abb., 14,90 €

Heidie Howcroft

Gestalten mit Holz im Garten

Bodenbeläge, Holzdecks, Zäune, Rankgerüste, Lauben. Bauanleitungen und Gestaltungsideen für Nützliches und Dekoratives aus Schnittholz und aus grünem Holz. Das Buch zeigt, wie vielfältig und formschön sich Holzwerk in den Garten einbinden lässt. 135 S. m.v. Abb., 21 x 21cm geb. 2. Aufl. 2006 19,90 €

Edgar Haupt

Wintergärten - Anspruch und Wirklichkeit

Praxisnahe Anleitung für die Planung und den Bau von Wintergärten: Raumklima, Konstruktionen, Materialien, Verglasungs- u. Klimatisierungssysteme, Bauschäden, Hinweise f.d. Bepflanzung. 4. erw. Aufl. 2004, 190 S. 22,50 €

Dorit Berger

Färben mit Pflanzen

Färbepflanzen - Rezepte - Anwendung. Aufbereitung und Anwendung heimischer Färbepflanzen zum Färben von Wolle und Stoffen werden in zahlreichen Rezepten detailliert beschrieben. 1.Aufl. 2006, 96 S. m.v. farb. Abb. 17 x 24 cm, br. 12,95 €

Lynn Edwards, Julia Lawless

Naturfarben-Handbuch

Natürliche Farben und Anstriche für Wände, Holzböden und Möbel selbst herstellen und anwenden: Rezepturen, Maltechniken und kreative Raumgestaltung. Durchgehend farbig! 2. Aufl. 2007, 190 S. 19x28,6 cm 29,90 €

Holger König, Peter Weissenfeld

Holzschutz ohne Gift

Holzschutz und Holzoberflächenbehandlung in der Praxis mit vielen Anleitungen und Rezepten für alle, die in Haus und Hof selbst zum Pinsel greifen. 15. Aufl. 2003, 172 S. m.v. Abb., 17 x 24 cm br. 15,30 €

Susie Vaugham

Einfach Korbflechten

mit Ruten und Zweigen aus dem Garten und vom Wegesrand. Hier wird gezeigt, wie mit einfachen Techniken das Flechten formschöner, farbiger Körbe leicht zu erlernen ist. 80 Seiten, farbig, 21 x 21 cm, gebunden 2. Aufl. 2007 13,90 €

Maggy Howarth

Kieselstein-Mosaik

Schöne Böden für Wege und Lieblingsplätze im Garten selbst gestalten. Exakte Anleitungen für einfache und fortgeschrittene Arbeiten mit Tips aus der Praxis. Viele Gestaltungsvorschläge geben Anregung für eigenes kreatives Schaffen.
118 S. m.vielen z.T. farb. Abb., 3. Aufl. 2007 20,40 €

Claudia Lorenz-Ladener, Hrsg.

Lauben und Hütten

Einfache Paradiese zum Selbstbauen. Bauanleitungen für schnell zu errichtende Behausungen (Tipi, Baumhaus, Kuppelbau, Hogan etc.), sowie für schöne Lauben für den Garten oder die freie Natur. 3. Aufl. 2006, 190 S. m.v.Abb., geb. 22,50 €

Jon Warnes

Mit Weiden bauen

Anleitungen für Zäune. Laubengänge, Wigwams, Sitzplätze und grüne Kuppeln. Pflanzen und Arbeiten mit lebendem Material, aus dem sich viele schöne, nützliche Dinge herstellen lassen. 3. Aufl. 2004, 60 S. m.v.farb. Abb., geb. 12,95 €

Alan und Gill Bridgewater

Bauen mit Frischholz

Frisches grünes Holz ist ein ausgezeichnetes Material, um mit einfachen Werkzeugen und in kurzer Zeit schöne, nützliche Dinge für den Garten herzustellen: Behälter, Spaliere, Bänke, Zäune, Obeliske, Sichtschutzelemente, u.v.m. 1. Aufl. 2002, 80 S. m.v. farb. Abb., A4 geb. 18,90 €

Daniel Mack

Möbel aus Wildholz

Wieviel Äste braucht ein Stuhl? Der Autor stellt moderne Wildholzmöbel vor und beschreibt genau, worauf es bei der Auswahl des Holzes ankommt, wie Wildholz bearbeitet u. zu Möbeln zusammengefügt wird. 168 S. m.v. Abb., 2004/07 25,50 €

David Stiles

Kleine Baumhäuser und Hütten

... kinderleicht gebaut. Hier wird gezeigt, wie Baum- und Stelzenhäuser gebaut werden können. Mit Anleitungen für verschiedene Konstruktionen und einem Bildern von realisierten Beispielen. 93 S. mit vielen farb. Abb., 17x24 cm, 2007 11,95 €

Annelore und Susanne Bruns

Werkbuch Biogarten

Anleitung zum handwerklichen Arbeiten in Bildern: Bau von Kompostbehältern u. Frühbeeten, Pflanzengerüsten, kleine Lagerkeller, Kräuterspiralen, Vogelnistkästen u.v.m. 112 S. m.vielen Abb., 17x24 cm, 2004 12,90 €

Susanne Bruns

Spiele für den Garten

Anleitungen für vergnügliche Spiele in und mit der Natur. Lustige und kurzweilige Lauf-, Wurf-, Wasser- Gedulds- und Geschicklichkeitsspiele mit exakten Bauanleitungen zur Herstellung der Spielgeräte. 124 S. m.vielen Abb., 17x24 cm, 2004 12,90 €

Alexander Heil

Der Paradiesgarten

Essbare Stauden von A bis Z für den kombinierten Zier- und Nutzgarten. In Text und Bild werden Anbau, Ernte und Verarbeitung von über 140 essbaren Stauden beschrieben. 2. Aufl. 2004, 141 S. m.v. farb. Abb., 17 x 24 cm 14,95 €

Terre Vivante, Hrsg.

Natürlich konservieren

Die 250 besten Rezepte, um Gemüse und Obst möglichst naturbelassen haltbar zu machen und ein maximum an Vitaminen, Nährstoffen und Geschmack zu erhalten. 157 S. m.v.Abb., 1. Aufl. 2005 13,90 €

Claudia Lorenz-Ladener

Naturkeller

Grundlagen und praktische Anlagen für Planung und Bau von naturgekühlten Lagerräumen im Haus oder Freiland. 140 S. m.v.Abb., 8. . Aufl. 2006 15,30 €

Karl-Heinz Böse

Regenwasser für Garten und Haus

Ein kompetenter Ratgeber für Planung und Bau von Regenwassersammelanlagen nach dem Stand der Technik: Bemessung, Genehmigung, Speichertanks, Pumpen, Rohrleitungen und Zubehör. 109 S. m. v. Abb., A5, 4. Aufl. 2004 10,20 €

Hans-P. Ebert

Heizen mit Holz

Umfassender Ratgeber über Holzeinkauf, Zurichten des Waldholzes, Lagerung und Trocknung, Anforderungen an Feuerstelle und Schornstein, verschiedene Ofentypen u. ihre Einsatzbereiche. 132 S. m.v.Abb., 12. verbess. Aufl. 2007 10,95 €

Thomas Holz

Holzpellet-Heizungen

Ein Ratgeber. Technik, Bauformen, Einsatzbereiche und Planung von Holzpelletheizungen, Genehmigung, Förderung. 3. verbess.Aufl. 2006, 94 S.m.v.Abb. 9,95 €

Preisstand: 1.1. 2008 Unsere Bücher erhalten Sie in allen Buchhandlungen!

In unserer *Versandbuchhandlung* haben wir über 400 Titel auf Lager, die Sie direkt bei uns bestellen können, und zwar zu folgenden Themen: Solararchitektur - Bauen & Selbstbau - Nutzung von Sonnen-, Wind- und Wasserkraft - Bioenergie - Energiekonzepte - Land- und Gartenbau - Tierhaltung - gesunde Küche - und vieles mehr ....

ökobuch Verlag GmbH

Fordern Sie einfach die große Buchliste an: Postfach 1126 79216 Staufen

✆ 07633-50613 · ✉ 50870 · email: oekobuch@t-online.de · http://www. oekobuch.de